市政精品工程关键施工技术

孙小军　董文量　主　编

南京市市政工程质量安全监督站　组织编写

中国建筑工业出版社

图书在版编目(CIP)数据

市政精品工程关键施工技术/孙小军,董文量主编. — 北京:
中国建筑工业出版社,2016.12
ISBN 978-7-112-20123-5

Ⅰ.①市… Ⅱ.①孙… ②董… Ⅲ.①市政工程-工程施工
Ⅳ.①TU99

中国版本图书馆 CIP 数据核字(2016)第 282574 号

本书共 6 篇 35 章,主要针对常见市政工程建设的质量问题,总结归纳地基和基础,钢筋混凝土,城市道路,排水,桥梁,隧道等工程的关键部位、关键工序的具体做法,重点推行典型示范和样板引路制度,以图文并茂的形式,展现精细化施工管理,为工程建设、施工、监理、监管等单位的工程质量管理工作提供借鉴。

本书适用于市政工程建设、施工、监理、监管领域技术及管理人员参考使用,也可为大中院校相关专业师生提供参考。

责任编辑:万　李　岳建光
责任设计:谷有稷
责任校对:焦　乐　党　蕾

市政精品工程关键施工技术

孙小军　董文量　主　编
南京市市政工程质量安全监督站　组织编写
*
中国建筑工业出版社出版、发行(北京海淀三里河路 9 号)
各地新华书店、建筑书店经销
北京红光制版公司制版
北京中科印刷有限公司印刷
*
开本:787×1092 毫米　1/16　印张:18¾　字数:453 千字
2016 年 12 月第一版　2016 年 12 月第一次印刷
定价:46.00 元
ISBN 978-7-112-20123-5
(29595)

《市政精品工程关键施工技术》
编 写 委 员 会

主　　编：孙小军　董文量

副 主 编：张　烨

编写人员：许琼鹤　潘尚昆　时贤龙　王海东　宋练艺

　　　　　严　杰　潘　涛　刘　勇　张康武　张　建

　　　　　孙霏霖　刘瑞婷　杜文浩　郭利人

审 稿 人：郭苏杰　刘其伟　施鸿佩　陈建明　曹明旭

　　　　　徐庆平　窦爱国

前　言

党的十八大报告指出，到 2020 年我国要在资源节约型、环境友好型社会建设方面取得重大进展。特别是新一届中央领导集体提出，要科学稳健推进新型城镇化和生态文明建设。市政基础设施作为新型城镇化的重要载体，因其公共性、公用性、公益性等特征，在物质、精神、生态文明建设中发挥着重要作用，在一定程度上体现着一个城市的品质和形象，既满足了广大人民群众出行的基本需求，也体现着人民群众的生活品质和审美品位，更能彰显以人为本的和谐理念。

随着新型城镇化建设步伐的不断加快，城市形象稳步提升，城市投资环境持续改善，人民物质生活日益丰富，对城市公共服务和生活环境等方面的要求日益增强，尤其表现在对市政建设的功能性、舒适性、景观功能等方面要求越来越高。然而，由于市政工程固有的特点，建设周期短、周边环境复杂、实施条件受限，导致工程的精细化施工程度难以达到现代化城市建设的标准，与人民群众的期望还存在一定的差距，建设市政基础设施精品工程，成为当前形势下的迫切需求。

住房与城乡建设主管部门也一直将市政工程建设的质量管理作为重要工作内容，尤其 2014 年 10 月，住房城乡建设部开始实施工程质量治理两年行动，将建设工程质量治理作为贯穿两年的专项行动也是前所未有，足见住房城乡建设部门对工程建设质量的重视程度和管理力度。南京市市政工程质量安全监督站（以下简称"市政监督站"）受南京市城乡建设委员会委托，承担全市市级市政工程质量监督管理职能，始终将市政工程建设质量水平的提升作为重要的工作职责和努力目标。2013 年，市政监督站提出在南京市市政行业推行精品工程战略，并借"亚青会"、"青奥会"等大型赛事活动在南京举办的契机，在全行业掀起了建设市政精品工程的浪潮，青奥轴线、城西干道、江东路等一系列重点工程更是作为第一批试点项目被推到了前台。通过建设、设计、施工、监理等各参建单位的共同努力，一批质量优良、高品质、高水平的市政工程展现在南京这座古城，得到了社会各界的好评。2016 年，市政监督站在全面总结精品工程战略基础上，发动全行业共同参与，研究、编写了这本《市政精品工程关键施工技术》。

本书主要针对常见市政工程建设的质量问题，总结归纳市政道路、排水、桥梁、隧道等工程的关键部位、关键工序的具体做法，重点推行典型示范和样板引路制度，以图文并茂的形式，展现精细化施工管理，为工程建设、施工、监理、监管等单位的工程质量管理工作提供借鉴。

本书编写的过程中，编写组进行了认真的调查研究，收集了大量的资料和图片，征询了众多工程参建单位的意见和建议，消化吸收了大量工程实践经验，并组织召开了多次编写研讨会、评审会，最终经审定定稿。本书还有部分图片、资料引自互联网，由于来源无法一一列出，在此对原作者表示感谢，如涉及版权问题，请与编委会联系。

本书还得到了南京同力建设集团有限公司、嘉盛建设集团有限公司、中交一公局三公司、南京润华建设集团有限公司等企业的支持和帮助，在此一并表示感谢。

为提高本书的质量，恳请广大市政工程建设者在实践过程中，注意积累资料，总结经验，随时将有关意见或建议反馈至市政监督站，以供今后修订时参考。

目 录

总　则

为了创建市政精品工程，建设单位应牵头建立工作领导组织体系，明确相关单位和人员职责，并组织编制创精品工程总体方案，制订相关标准和实施措施，采取有力措施确保方案在建设过程中得以落实。创建精品工程领导小组由各参建单位负责人及有关人员组成，建设单位项目负责人任领导小组组长，各参建单位的项目负责人和相关人员任组员。

领导小组主要工作包括：制定精品工程质量目标，组织编制精品工程总体方案，提供相应的组织管理、技术管理、人力物力等保障，检查督促实施方案和各项措施的落实；定期召开工程例会，协调解决实施过程中的问题，对实施情况进行检查评比、总结和通报。

建设单位是创精品工程的第一责任人。主要工作职能包括：明确精品工程的创建目标，负责组建精品工程创建工作领导小组并制定总体实施方案，督促各参建单位责任有效落实，合理确定创建精品工程的工期和造价，明确创建精品工程的奖罚措施。

施工单位是精品工程实施主体，应根据质量管理体系要求落实专人，按照工程规模和实际特点，编制《精品工程施工专项方案》，并经监理单位审批后按专业向施工人员进行交底，指导一线作业人员掌握精品塑造过程中的要领和规定动作，并加强管理和检查，确保各项措施得以落实（图1）。

图1　班组施工和安全技术交底

监理单位应根据实施精品工程要求，在监理细则中制定专项监理内容，审查《精品工程施工专项方案》，检查施工单位相应措施的执行和落实情况（图2），并开展平行检验工作；对创建过程中出现的问题，及时向建设单位和质量监督机构报告。

混凝土浇筑后模板垂直度平行检验　　　　　　　　混凝土浇筑前平整度平行检验

图2　监理平行检验工作

精品工程严格执行样板引路制度。每道工序实施前应先做施工样板段（图3），经领导小组检查符合要求后，方可组织后续施工。前道工序完成后，应及时检查工序完成的质量，对出现的施工质量偏差及时纠正、整改。

图3　施工样板和施工首件工程

精品工程施工现场应实行标准化管理（图4），保持施工现场及周边环境整洁有序，确保安全生产文明施工。

精品工程实施过程中，相关单位应加强影像留存和资料整理工作，及时总结施工组织、管理及验收等方面成功经验。工程竣工前，各单位应对精品工程实施全过程进行总结，形成总结报告，便于各参建单位持续改进、不断提高。

图4　标准化管理现场

第1篇　地基和基础工程

第1章 基坑支护

1.1 地下连续墙

地下连续墙是在地面以下为截水防渗、挡土、承重而构筑的连续墙壁。它对土壤的适应范围很广，可以应用于软弱的冲积层、中硬地层、密实的砂砾层以及岩石的地基中等。施工流程如图 1-1 所示。

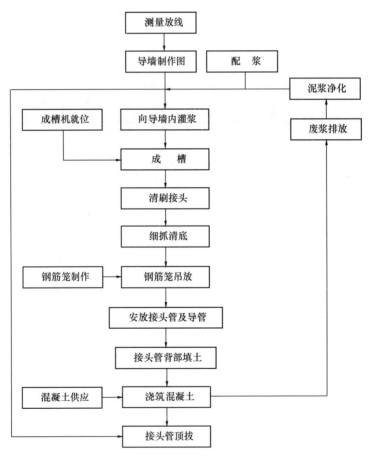

图 1-1 地下连续墙施工程序图

1.1.1 测量

1. 根据基点、导线点及水准点，在施工场地内引测施工用平面控制点和水准点，报监理工程师复核验收。

2. 为保证基坑结构的净空，导墙中心轴线宜按设计要求外扩 50mm，防止基坑开挖地下连续墙向基坑内变形减小净空。

3.导墙混凝土浇筑前应将导墙顶面标高线在模板面上进行放样，准确定位导墙顶面标高。

1.1.2 导墙

1.泥浆应优先选用膨润土泥浆，每批膨润土材料进场后应先进行 2~3 种不同掺量的试配试验，泥浆性能检验结果应符合设计要求，见图 1-2~图 1-4。

图 1-2 泥浆 pH 值检测

图 1-3 泥浆黏度值检测

图 1-4 泥浆比重值检测

图 1-5 泥浆系统泥浆池

2.在泥浆系统内，废浆、新鲜泥浆、待处理泥浆、成槽泥浆、清孔泥浆应分开贮存，相互隔离（图 1-5）。

3.导墙断面宜采用现浇钢筋混凝土结构，强度等级不宜低于 C25，墙趾进入原状土不小于 0.3m 为宜。导墙顶面应高出地面 0.2m（图 1-6、图 1-7）。

4.导墙应分段施工，分段长度一般控制在 30~50m，分段位置不得与地下连续墙的分幅线重合。

5.导墙沟槽开挖后，进行立模。导墙侧墙模板宜采用大型整体钢模，采用钢管支撑加固，间距不大于 1m，见图 1-8。

6.导墙自然养护到不低于设计强度 70% 后方可拆模，拆模后应及时在两片导墙间加设支撑并回填，见图1-9，穿越施工道路的导墙上方应覆盖钢板，不回填的区域在导墙周边应布置防护栏杆，以防止机械碾压破坏导墙。

图1-6　人工清底

图1-7　导墙尺寸验收

图1-8　导墙混凝土浇筑

图1-9　导墙成品保护

1.1.3　成槽

1. 根据设计图纸将地下连续墙分幅，幅长应符合设计要求，局部地方考虑施工工艺和成槽机最大化利用率进行槽段划分，尽量避免在转角部位和内隔墙连接部位，以保证地下连续墙良好的整体性和强度。

2. 槽段开挖

（1）地下连续墙的成槽施工，应根据地质条件和施工条件选用成槽机械，宜采用间隔式开挖，一般地质条件下应间隔一个单元槽段（图1-10）。同时开挖两个槽段之间的净距离不应小于6m。

（2）成槽时应及时补充泥浆，抓斗没入槽段中时，槽内泥浆液面应不低于导墙面0.3m。同时槽内泥浆面应高于地下水位0.5m。

（3）成槽挖土时，抓斗没入导墙后，悬吊钢索不得处于松弛状态，以保证挖槽垂直精度。成槽过程中应观察槽段垂直度、泥浆液面高度，并控制抓斗上下运行的速度。应遵循在导墙面慢入慢出的原则。

（4）地下连续墙用液压抓斗应配备强制纠偏装置，成槽过程中随挖随纠，成槽垂直度控制在小于3‰的范围内。见图1-11、图1-12。

图 1-10　成槽机械开挖

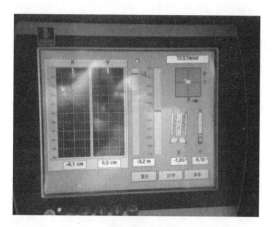

图 1-11　机械成槽质量检测

图 1-12　纠偏操控

3. 槽段检验内容

（1）槽段平面位置偏差；

（2）槽段深度检测；

（3）槽段壁面垂直度检测；

（4）槽段端面垂直度检测等。

上述指标须符合设计及规范要求。

4. 槽段质量评定

成槽质量标准见表 1-1。

成槽质量控制表　　　　　　　　　　　　　　　　　　　　表 1-1

项目	允许偏差	检验方法
槽宽	0～+50mm	超声波测斜仪
垂直度	0.3%	超声波测斜仪
槽深	比设计深度深 100～200mm	超声波测斜仪

5. 刷壁和清底换浆

（1）成槽完成后利用履带吊配合专用的刷壁设施，在接头上下反复清刷不少于 20 次，

图 1-13　地下连续墙成槽质量检测

深度至槽段底部，确保接头干净，防止渗漏水现象的发生。见图 1-14。

（2）清底应在刷壁和扫孔之后进行，清孔管应先在离槽底 1～2m 处进行试吸，然后深入到槽底进行清孔，避免淤泥闷住管底。

（3）清底换浆的方法可采用泵吸法，清孔管底部吸浆口应距槽底 20～30cm，以确保清孔效果。

（4）清底换浆时，要及时向槽内补充泥浆，保持浆面基本平衡。

图 1-14　刷槽设备

1.1.4　接头

接头施工应符合设计要求，并应符合下列规定：

1. 锁口管应能承受灌注混凝土时的侧压力，且不得产生位移。

2. 安放锁口管时应紧贴槽端，垂直，缓慢下放，不得碰撞槽壁和强行入槽。锁口管应沉入槽底 300～500mm。

3. 锁口管灌注混凝土 2～3h 后进行第一次起拔，以后应每 30min 提升一次，每次提升 50～100mm，直至终凝后全部拔出。见图 1-15。

4. 后继段开挖后，应对前槽段竖向接头进行清刷，清除附着土渣、泥浆等物。

图 1-15　锁口管接头

1.1.5　钢筋笼

1. 钢筋笼制作和吊装

（1）钢筋笼应由施工单位依据相关设计文件、施工吊装工艺、构造要求编制翻样图，施工班组按照翻样图进行施工。见图 1-16～图 1-19。

图 1-16　地连墙主筋与水平筋固定图　　　　图 1-17　纵向桁架图

图 1-18　横向桁架图　　　　　　图 1-19　钢筋笼整体图

（2）钢筋笼起吊所用吊耳、索具等工具的规格、型号和布置方式都应经专项计算并反映在钢筋笼吊装专项方案中。

（3）钢筋笼迎土面和开挖面均应设置保护层定位垫块，每平方米范围内均匀布置3～4块专用保护层钢垫块（图1-20）。

图1-20　保护层垫块

（4）钢筋笼主筋、预埋接驳器锚固钢筋和分布筋等部位的钢筋净距应大于3倍混凝土最大骨粒直径，且不小于75mm。

（5）十字钢板接头止水钢板厚度不应小于10mm，封头钢板厚度不应小于8mm，地下墙深度超过50m时，封头钢板厚度不应小于10mm，十字钢板旁应设置防止混凝土绕流的止浆铁皮，厚度应大于0.5mm。止浆铁皮从上至下装配，拼接部位下块压上块重叠不小于200mm。见图1-21、图1-22。

图1-21　止浆铁皮和十字钢板连接

图1-22　十字钢板检验

（6）钢筋笼起吊应采用履带吊，禁止采用汽车吊和履带吊抬吊。见图1-23～图1-26。

（7）钢筋笼应设置明确、稳固的标高测量点，并以此控制预埋件标高。

（8）钢筋笼底端应在0.5m范围内的厚度方向上做收口处理。

2. 导管仓

（1）每幅地下连续墙钢筋笼应预留不少于2个导管通道，两根导管间间距不宜小于

1.5m，且不应大于3m，距离槽壁端头不大于1.5m，幅宽大于6m时应设置3个导管通道。

图1-23　钢筋笼平吊

图1-24　钢筋笼倾斜提升

图1-25　钢筋笼吊起

图1-26　钢筋笼入槽

（2）在导管仓内应设置导向钢筋，搭接处应平滑过渡，防止搭接台阶卡住导管，导管仓导向钢筋直径宜采用Φ12～Φ16。

（3）导管导向钢筋应从钢筋笼顶端连续到底端，其间至少每隔1.5m设一个撑筋与导向钢筋焊接，固定导向钢筋的位置。

（4）导管仓范围内的主筋和导向钢筋的端头不应内弯，防止造成卡管事故。

3. 钢筋笼安放后方可安装接头管，安装前应涂抹减摩剂，便于日后起拔。接头管分段对接吊装入槽，接头管必须严格按照分幅规定位置进行安放，水平误差不大于20mm。

4. 接头管安放就位后，贯击接头管数次，将其部分根植于原状土不少于30cm，以增强根部反力，保证底部固定稳固。

5. 使用十字钢板接头时，宜先在接头处回填不低于2m高的袋装黏土，然后再安放反力箱，防止混凝土从基底绕流。"T"型槽段宜作为嵌幅施工，并在中间伸出的部分安放接头管，以避免同时安放多根接头管，增加施工难度。

6. 地下连续墙深度高于50m时，为减小混凝土沿接头管下部的绕流风险和顶拔摩阻力，可在钢筋笼底部10m范围包裹止浆铁皮，将混凝土和接头管相隔离。

图 1-27　止浆铁皮　　　　　　　　图 1-28　止浆铁皮安装

7. H 型钢接头钢筋笼安放完成后，在 H 型钢背侧空隙里回填袋装土，第一次回填高度不超过 10m，随后一边浇灌混凝土一边回填，始终保证回填袋装土的高度高于混凝土液面高度 3～5m。

8. 深度不超过 40m 的 H 型钢接头的地下连续墙，可在 H 型钢接头侧安放特制接头工具，代替回填的袋装土，混凝土浇灌完成后再拔除接头工具。

1.1.6　混凝土浇筑

1. 混凝土浇灌实际高程应高于设计墙顶标高 0.3～0.5m，凿去浮浆后的墙顶标高和墙体混凝土强度应满足设计及规范要求。见图 1-29。

图 1-29　2 个导管通道同时进行混凝土浇筑

2. 为了提高地下连续墙的防渗效果，每幅地下墙预埋至少 2 根注浆管进行注浆封闭（图 1-30，图 1-31），注浆管底管口应安装单向阀。墙底注浆应在墙体混凝土达到设计强度 70%后方可进行。正式注浆前，应用清水劈裂开通注浆管。

3. 接头管起拔前，应参考现场试块凝固情况选择适当的时机，起拔时每 5min 松动接头管 1 次，每次松动的高度不宜大于 5cm，直到准备拆除一节接头管后方可提高顶拔的高度。如松动过程中出现引拔力剧增的情况，则可适当提前顶拔，并增加顶拔高度，以防止接头管被可能出现的绕流混凝土全断面抱牢，造成起拔困难。见图1-32、图1-33。

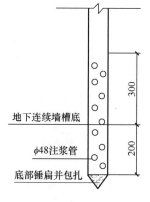

图1-30　注浆管示意图

图1-31　注浆管定位示意图

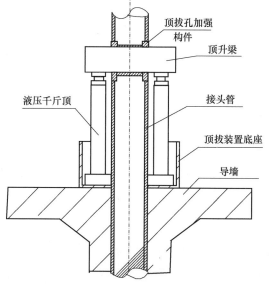

图1-32　液压顶拔机作业示意图

图1-33　接头管起拔

1.2　SMW工法桩

SMW工法桩（型钢水泥土搅拌墙）是以内插型钢作为主要受力构件，水泥土搅拌桩作为截水帷幕的复合挡土截水结构。施工流程如图1-34所示。施工步骤见图1-35。

1.2.1　施工准备

1. 水泥搅拌桩宜采用P.O 42.5级普通或矿渣硅酸盐水泥，搅拌桩用水泥出厂日期不得超过三个月，施工前应对配合比进行验证。

2. 水泥土搅拌桩施工应根据地质条件和周边环境条件、成桩深度、桩径等选用不同形式和不同功率的搅拌机，与其配套的桩架性能参数应与搅拌机的成桩深度相匹配，钻杆及搅拌叶片构造应满足成桩过程中水泥和土充分搅拌的要求。

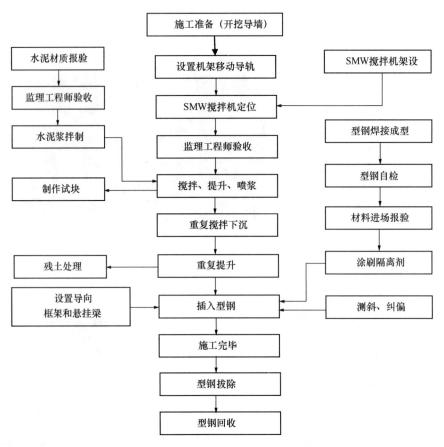

图 1-34 SMW 工法桩施工工艺流程图

3. 水泥土搅拌桩施工前，对施工场地及周围环境进行调查应包括机械设备和材料的运输路线、施工场地、作业空间、地下障碍物的状况等；对影响水泥土搅拌桩成桩质量及施工安全的地质条件（包含地层构成、土性、地下水等）必须详细调查。

4. 水泥土搅拌桩施工前，应按照搅拌桩桩位布置图进行测量放样并复核验收。根据确定的施工顺序，安排型钢、配套机具、水泥等物资的放置位置。

5. 根据型钢水泥土搅拌墙的轴线开挖导向，应在沟槽边设置搅拌桩定位型钢，并在定位型钢上标出搅拌桩和型钢插入位置；采用现浇钢筋混凝土导墙，导墙位于密实的土层上，并高出地面 100mm，导墙净距应比水泥土搅拌桩设计直径宽 40～60mm。

6. 施工前应通过成桩试验确定搅拌下沉和提升速度、水泥浆水灰比等工艺参数及成桩工艺。测定水泥浆从输送管到达搅拌机喷浆口的时间。当地下水有侵蚀性时，宜通过试验选用合适的水泥浆液。

7. 沿 SMW 桩墙体使用挖掘机在搅拌桩桩位上开挖沟槽，用于导向和堆放置换残土和泥浆。

8. 型钢定位导向架和竖向定位悬挂构件应根据内插型钢的规格和尺寸制作；采用导墙定位的，导墙施工方法同地下连续墙。

9. 桩机就位后，应对平面位置、垂直度进行检测，并做好桩长控制标记。桩位平面

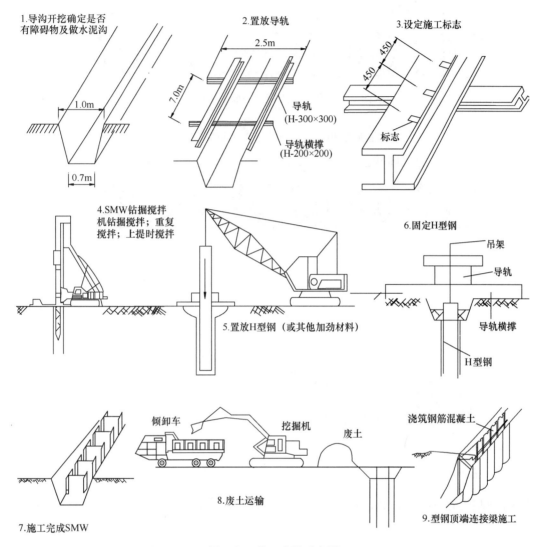

图 1-35　施工步骤示意图

偏差不得大于 30mm。施工前在钻杆上做好标记，控制搅拌桩桩长不小于设计桩长，当桩长变化时擦去旧标记，做好新标记。

1.2.2 搅拌成桩

SMW 工法施工按图 1-35、图 1-36 或图 1-37 顺序进行，其中阴影部分为重复套钻，以保证墙体的连续性和接头的施工质量。

对于围护墙转角处，为保证工法桩的质量和止水效果有时也采用如图 1-38 所示的连接。

1. 搅拌桩机钻杆下沉到 SMW 桩的设计桩底标高时，稍上提 10cm 开启灰浆泵，待水泥浆到达搅拌头后，宜按 1m/min 的速度下沉搅拌头，边注浆、边搅拌、边下沉，使水泥

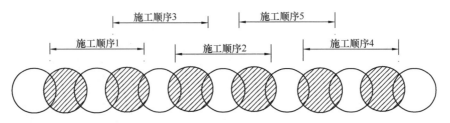

图 1-36　跳槽式连接（一般采用较多）

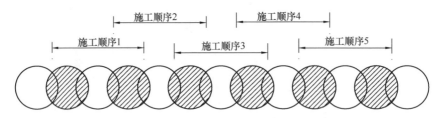

图 1-37　单侧挤压式连接（多用于转角或中断时）

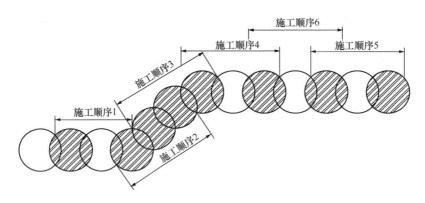

图 1-38　全套钻式连接（止水效果最佳，多用于止水要求较高或质量不易保证时）

浆和原地基土充分拌和，通过观测钻杆上桩长标记，控制桩底设计标高。见图 1-39、图 1-40。

图 1-39　三轴型钻掘搅拌机

图 1-40　工人清除钻头淤泥

2. 搅拌机钻杆下沉时，即开始按设计确定的配合比拌制水泥浆，制备好的水泥浆液不得离析，拌制水泥浆液的水、水泥和外加剂用量以及泵送浆液的时间由专人计量、记录。见图 1-41。

图 1-41 泥浆制备

3. 对于硬质土层，当成桩困难时可采用预先松动土层的先行钻孔套打方式施工。

4. 施工过程如间隔时间过长出现冷缝，应经设计单位认可，在冷缝处围护桩外侧采取补救措施。

5. 为使土体和水泥浆充分搅拌均匀，需重复上下搅拌，保留一部分浆液在第二次上提复搅时注入，最终完成一根均匀性较好的水泥土搅拌桩。SMW 桩主要技术参数见表 1-2。

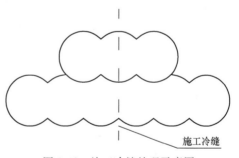

图 1-42 施工冷缝处理示意图

SMW 桩主要技术参数表　　　　　　　　　　　　　　表 1-2

序号	项　目	技术指标
1	水泥掺量	不小于 22%
2	下沉速度	0.8～1.0m/min
3	提升速度	2.0m/min
4	搅拌转速	30～50rad/min
5	浆液流量	40L/min

6. 搅拌桩质量验收见表 1-3。

搅拌桩质量验收表 表1-3

序号	实测项目			检查频率	允许偏差
1	水泥桩	水灰比		4次/台班	符合设计规定
2		搅拌桩喷浆速度	下沉	2次/幅	符合设计规定
			重复搅拌		符合设计规定
			提升		符合设计规定
3		桩位偏差	平行基坑方向	1次/6m	±20mm
			垂直基坑方向		±20mm
4		垂直度		1次/幅	<1/200
5		成桩深度			+100mm
6	型钢	型钢定位轴线		随机	±20mm
7		顶标高		随机	±20mm
8		形心转角		随机	+2°

1.2.3 型钢制作和插入

1. 型钢进场后,应对外观质量进行验收。

型钢进场由施工单位质检员配合监理单位对型钢进行实测验收,允许偏差如表1-4所示。

型钢允许偏差验收标准表 表1-4

序号	实测项目	允许偏差
1	长度	±20mm
2	截面高度	±4mm
3	截面宽度	±3mm
4	腹板中心线	±2mm
5	型钢对接焊缝	符合设计要求
6	型钢挠度	10mm

2. 加工制作型钢应满足以下要求:

(1) 焊接H型钢截面高度400mm的公差下限为−5mm;

(2) 翼缘倾斜允差需符合规范要求;

(3) 工厂采用埋弧自动焊,角焊缝高度为6mm;现场对接焊缝必须开坡口焊透;全部焊缝质量等级均须达到三级。若所需H型钢长度不够,需采用10mm厚钢板进行双面拼焊,焊缝应均为坡口满焊,焊好后用砂轮打磨使焊缝与型钢面一样平。见图1-43。

(4) 其他应符合国家标准《钢结构工程施工验收规范》的要求。

3. 型钢表面的油污、老锈或块状锈斑应清除干净,减摩剂应均匀涂抹到型钢表面2遍以上,厚度控制在3mm

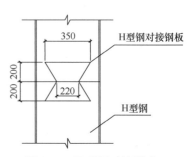

图1-43 H型钢对接形式

左右，吊运过程中避免变形和碰撞。

4. 减摩剂要严格按试验配合比及操作方法，根据实际环境温度制备后，用电热棒将减摩剂加热至完全熔化，搅拌均匀涂敷于 H 型钢表面。如遇雨雪天，型钢表面潮湿，应事先用抹布擦去型钢表面积水，待型钢干燥后方可涂刷减摩剂。见图 1-44、图 1-45。

图 1-44　涂刷减摩剂

图 1-45　型钢插入

5. 采用型钢组合导向轨，型钢边需用橡胶皮包贴，减少型钢插入时减摩剂的受损。每搅拌 1～2 根桩，应及时将型钢插入，停止搅拌至插桩时间控制在 0.5～1h。现场还要准备锤压机具，以备型钢依靠自重难以插入到位时使用。见图 1-46～图 1-48，表 1-5。

图 1-46　型钢桩头开挖

图 1-47　SMW 桩圈梁施工

SMW 工法内插型钢检验标准　　　　　　　　　　　　　　表 1-5

序号	项目	允许偏差或允许值	检验方法
1	长度	±10mm	用钢尺量
2	垂直度	<1‰	经纬仪检查
3	插入标高	±30mm	水准仪检查
4	插入平面位置	±10mm	用钢尺量

注：检查数量为全部检查。

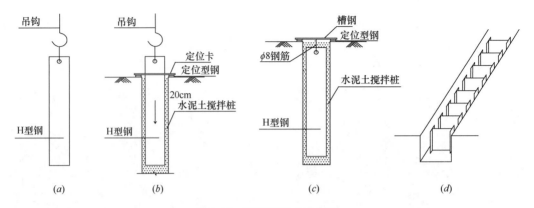

图 1-48　H 型钢插入示意图

（a）H 型钢吊放；（b）H 型钢定位；（c）H 型钢固定；（d）H 型钢成型

1.2.4　型钢拔除

1. 型钢起吊前在型钢顶端 150mm 处开一中心圆孔，孔径 100mm，装好吊具和固定钩，根据引设的高程控制点及现场定位型钢标高选择合理的吊筋长度及焊接点。型钢宜用两台吊车合吊，吊点位置和数量按正负弯矩相等的原则计算确定。当 H 型钢不能靠自重完全下插到位时，静压或采用振动锤进行下压。H 型钢宜高出圈梁 500mm，以便于拔除。

2. H 型钢拔除采用专用夹具及千斤顶，以圈梁为作为千斤顶反力梁。先清除圈梁顶部杂物并找平，以保证千斤顶垂直平稳放置，用吊车将 H 型钢起拔架吊起放平，中心对准插入 H 型钢上部的圆孔，并将销子插入，将两个千斤顶平稳地放在圈梁 H 型钢两侧销子下方。开启高压油泵，两个千斤顶同时向上顶住起拔架的横梁部分进行起拔，待千斤顶行程到位时，敲松锤型钢板，起拔架随千斤顶缓慢放下置原位。待第二次起拔时，吊车须用钢丝绳穿入 H 型钢上部的圆孔吊住 H 型钢。重复以上工序将 H 型钢拔出，H 型钢起拔时要垂直用力，不允许倾斜起拔或侧向撞击型钢。

3. 为避免拔出 H 型钢后其空隙对周围建筑物的影响，拔出 H 型钢后须立即对桩体内部空隙进行注浆封孔，以控制变形量。见图 1-49、图 1-50。

图 1-49　SMW 桩成品

图 1-50　型钢拔除

1.3 钻孔咬合桩

钻孔咬合桩采用钢筋混凝土桩和素混凝土桩间隔咬合布置，支护结构本身也作为止水帷幕。咬合式排桩分硬切割和软切割两种工艺，硬切割是指在 A 序桩混凝土终凝达到设计强度的 30％后再进行 B 序桩成孔作业，具有在成孔过程中结合清障的技术特点，适用于硬质地下障碍物密集的复杂地质条件，本书主要介绍硬切割施工工艺。钢筋混凝土灌注桩施工工艺可参见本书其他章节。

钻孔桩施工宜选用全套管冲击钻，该钻机可通过抱箍抱紧钢套管进行旋转，并通过油缸调节下压钢套管，利用钢套管前端的钛合金钻头将障碍物切割分离，然后采用冲抓锤将套管内渣块取出，直至设计孔深。见图 1-51、图 1-52。

图 1-51　自行式全回转套管机

图 1-52　360 度全回转套管机

咬合桩的施工顺序如图 1-53 所示，在 A 序桩强度达到终凝后进行 B 序桩咬合切割施工。

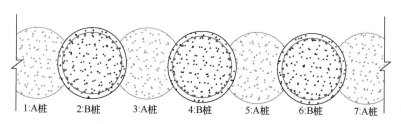

1:A桩　2:B桩　3:A桩　4:B桩　5:A桩　6:B桩　7:A桩

施工顺序：1-3-5-7-2-9-4-11.....

图 1-53　咬合桩施工顺序图

1.3.1　施工准备

1. 桩基础施工前应先对施工场地进行平整。可用枕木、型钢等搭设工作平台。

2. 根据测量三角网及桩位坐标图，用全站仪放出每个桩位的中心位置，然后用钢尺复核各桩孔之间的平面距离。桩位中心位置确定后，在周围设置十字护桩，报监理工程师验收。

3. 咬合桩导墙施工前需安排专人进行地下管线探挖，确保导墙下无管线；如有地下管线影响导墙施工，需做迁改处理。

4. 咬合式排桩施工前，为了提高钻孔咬合桩孔口的定位精度并提高就位效率，应在桩顶上部沿咬合桩两侧施作咬合桩导墙。导墙顶面宜高出施工场地地面100mm，以防止地表水流入孔内。导墙拆模后应立即加设支撑，保证导墙在施工过程中的稳定。见图1-54～图1-56。

图 1-54　导墙开挖

图 1-55　导墙立模

图 1-56　钻孔咬合桩导墙成品

1.3.2　成孔

1. 将钻机的中心或定位器中心与桩位中心对齐，并调整钻机水平度，保证导杆及套管垂直度，通过导墙的精确定位，反复调整使钻机的中心与桩位中心对准。安装钢套管，钢套管安装好后，应进行垂直度复测，采用固定锤球复测或经纬仪双向复测，满足要求后方可开始成孔。见图1-57、图1-58。

图 1-57　机械就位

图 1-58　套管安装

2. A桩（素桩）成孔施工

（1）成孔时如上部土层情况较差、透水性较大，须使钢套管的深度比钢套管内的土面深3～5m，防止出现钢套管内涌水现象。

（2）钢套管入土深度进入一定深度后，边旋转钢套管边重锤或使用大功率旋挖钻机破碎障碍物，抓斗清除至孔底标高后浇筑混凝土。见图1-59。

图1-59　咬合桩钻进成孔

3. B桩（钢筋混凝土桩）成孔施工

A桩混凝土达到设计强度30％后即可进行B桩硬切割咬合施工。切割咬合时顺控制垂直度，放慢钻进速度，防止钻进时钛合金（图1-60）磨损太快而无法切割至桩底部。

图1-60　锯齿形钛合金

1.3.3　混凝土灌注

1. 钢筋笼加工安装、导管加工等另见本书其他章节。

2. 混凝土首次上料应保证不得少于初灌量，首次灌注完成，混凝土导管应处在埋深2m以上的位置，首斗料下落完成后应试拔外套管，检查钢筋笼是否跟管上浮，否则应立即进行反压处理。每完成一斗混凝土或一车后均应进行起拔检查，起拔量不超过10cm，一直延续至拆卸第一节外套管。

3. 当混凝土灌注高度超过第一节钢套管3m以上，应开始第一次起拔第一节套管，拆除第一节外套管后，外套管在混凝土内埋深不少于2m，混凝土导管埋深不小于2.5m。之后重复上述过程，进入第二次拔管循环。待外套管完全拔出并拆除后，测量孔内混凝土面标高，根据需要进行混凝土补灌。见图1-61、图1-62。

图1-61 导管就位

图1-62 导管拆除

1.3.4 验收

成孔质量验收标准见表1-6。开挖后成桩效果见图1-63。

图1-63 开挖后成桩效果图

成孔允许偏差及检测方法 表 1-6

项次	项 目	允许偏差		检测方法
1	孔 径	不小于设计桩径		实测钢套管外径
2	垂直度	3‰		用线锤或经纬仪
3	孔 深	−100 +500mm		用测绳或钢尺
4	桩 位	纵轴方向	20mm	用钢尺检测
		横轴方向	20mm	

1.4 支撑结构

1.4.1 钢筋混凝土支撑

1. 圈梁钢筋绑扎前，桩、墙顶修理平整，清理干净（图 1-64），桩、墙顶嵌入圈梁的深度应符合设计要求，钢筋应调直，锚固长度应符合设计要求。

图 1-64 围护桩桩顶清理

2. 钢筋混凝土水平支撑应设置底模，基底土应进行碾压密实。土模地基承载力不宜低于设计要求，否则应考虑一定加固措施，底模可采用混凝土垫层（图 1-65）或木模板（图 1-66）。

3. 侧模水平支撑构件的模板、钢筋、混凝土等分项工程应符合《混凝土结构工程施工质量验收规范》GB 50204 的要求，侧模可采用对拉螺栓的形式固定（图 1-67、图 1-68）。

4. 支撑的轴线及标高控制应在对应支撑点拉线控制轴线，实际轴线偏差应小于 20mm。混凝土圈梁及支撑中心标高、同层支撑顶面标高差应符合设计和规范要求，每隔

· 27 ·

4m用短钢筋焊接水平标高控制点，并做好标高控制标识。见图1-69、图1-70。

图1-65 混凝土垫层底模

图1-66 木模板底模

图1-67 侧模固定

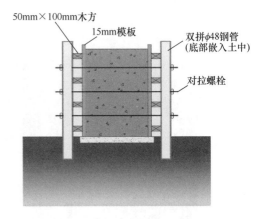

图1-68 模板对穿螺杆固定示意图

图1-69 水平标高控制点

图1-70 成型的水平支撑

5. 基坑开挖应注意机械不得损伤支护结构。机械行走部位应采用覆土、加盖钢板等措施进行保护，在工程桩及降水设施部位应采取保护、警示措施，防止机械开挖过程中损伤工程桩及降水设施。

钢筋混凝土支撑见图1-71、钢混组合支撑见图1-72。

图 1-71 钢筋混凝土支撑

图 1-72 钢混组合支撑

1.4.2 钢管支撑

1. 地下连续墙或灌注桩施工时，按每道钢管支撑标高提前将连接钢围檩和支撑托架的钢板、钢筋焊接在钢筋笼上，预埋在支护壁里。土方开挖至标高后，先凿出支护壁里的预埋件，将围檩梁焊接其上，再焊接支撑托架。清除支护壁表面的残土，对钢围檩的安装面进行修凿及找平抹灰，钢围檩与支护壁间的空隙里灌注速凝细石混凝土，安装钢支撑。

2. 钢管支撑提前装配至设计长度，钢管支撑按所在之处的土方挖完一段支撑一段的原则，减小支护壁的变形。钢管支撑架设前应测量放出支撑与地下连续墙的接触点，使得支撑与支护壁垂直度。测量两端支撑点距离，校核钢管支撑长度。

3. 钢管支撑的一端应设为活络头，钢管拼装时按设计长度分节用法兰盘和螺栓连接，拼装偏差不大于 20mm。施加预应力一端应焊好千斤顶底座，底座由三块钢板焊接而成，钢管两边对称各焊一个座底。见图 1-73、图 1-74。

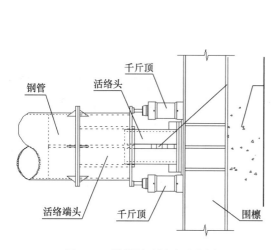

图 1-73 横撑活动端头示意图

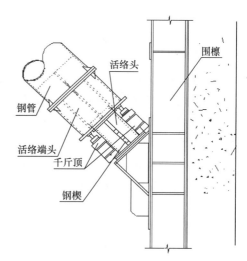

图 1-74 斜撑活动端头示意图

4. 钢支撑吊装到位后，先不松开吊钩，将一端的活络头拉出顶住钢围檩，再将 2 台液压千斤顶放入顶压位置，为方便施工并保持千斤顶加力一致，2台千斤顶用托架固定。千斤顶一端顶在钢围檩上，一端顶在底座上，预应力施加到位后，用钢楔块撑紧端头处的缝隙并焊牢。然后回油松开千斤顶，解开起吊钢丝绳。施工时要注意防止施工机械碰撞钢管支撑，避免钢管支撑因受横向荷载而造成失稳。

5. 当结构底板（中板、顶板）达到设计要求的强度后，方能进行相应位置的支撑拆除。拆除时用吊车从两端轻轻托住钢支撑，在活络头处安设千斤顶施加顶力，直至钢楔块松动后取出楔块，再逐级卸载，直到卸完，吊出钢支撑。

6. 钢管支撑长度较长时应根据设计要求设组合型钢立柱，立柱基础采用钻孔灌注桩，立柱间用型钢连系杆拉结，提高结构稳定性。组合型钢立柱与底板交接处设置加强钢筋，并沿钢立柱表面和中心焊制止水钢板，以保证底板的防水性能，底板混凝土浇筑时，应注意加强振捣。组合型钢立柱及型钢梁的拆除应在全部钢管支撑拆除完毕后进行。组合型钢支撑见图1-75。

图1-75 组合型钢支撑

7. 钢支撑安装的容许偏差应符合下列规定：
（1）支撑两端的标高差：不大于20mm及支撑长度的1/600；
（2）支撑挠曲度：不大于支撑长度的1/1000；
（3）支撑水平轴线偏差：不大于30mm；
（4）支撑中心标高及同层支撑顶面的标高差：±30mm。

8. 支撑拆除的顺序，必须严格按照设计图纸的要求和顺序进行。每一道支撑，需等到内部结构或隔墙达到设计强度后方可拆除。拆除时按照先角撑、次撑，后主撑的顺序操作，并且对称拆除。

9. 钢支撑拆除前，应先对上一层钢支撑进行一次预加轴力，达到设计要求以保证基坑安全。拆除时先搭设临时支架，托住钢支撑，然后用千斤顶逐渐卸力，抽掉钢楔块，解开法兰连接，用吊车分节吊走钢管。避免瞬间预加应力释放过大而导致结构局部变形、开裂。钢围檩及支撑托架在拆掉钢支撑后，用电焊机或氧焊机切割。

10. 拆除的钢支撑分层堆放整齐，高度不宜超过三层，底层钢支撑下面安设垫木。

1.5　土方开挖

本节主要介绍土方工程的明挖法开挖。

1.5.1 一般规定

1. 基坑开挖应充分应用"时空效应"理论，开挖顺序、方法必须与设计工况一致，并遵循"开槽支撑、先撑后挖、严禁超挖"的原则，做到竖向分层、纵向分段、对称、平衡、限时开挖、随挖随撑。

2. 土方开挖至离坑底 1m 左右时，即应设置标高控制桩，以水准仪严格控制开挖深度。坑底以上应保留 30cm 覆土，人工配合机械修整，防止土体扰动。开挖至设计坑底，经验收合格后及时浇筑混凝土垫层，做好基坑排水，减少基坑暴露时间。

3. 机械挖土时，挖土机械和车辆不得在支撑上或纵坡坡顶行走操作，严禁挖土机械碰撞支撑、立柱、井点管、围护墙。土方开挖时，弃土堆放应远离基坑坡顶线，严禁在坑边 30m 范围内堆放弃土。施工期间，基坑周边的堆载不得大于 20kN/m³ 或设计规定，并在基坑的四周设护栏，以确保人员的安全。见图 1-76、图 1-77。

图 1-76　长臂挖机开挖

图 1-77　基坑临边防围设施

4. 土方开挖必须在围护结构、圈梁及地基加固达到设计强度后方可进行。开挖时需派专人指挥挖机或吊车，注意对支撑、井点等的保护。

5. 基坑宜开挖前 20 天进行预降水，以使土体在开挖时已经受到相当程度的排水固结，降水后基坑内水位在基坑开挖面 1.0m 以下。见图 1-78、图 1-79。

图 1-78　管井降水

图 1-79　管井井点保护

6. 基坑施工区按承压水实测水位计算抽水水位。基坑分层分段开挖按需抽取承压水，按照设计要求当回筑内部结构抗浮力不小于承压水水头压力时可停止抽水。

1.5.2 土方开挖

1. 水平分段长度宜控制在6～12m左右,随挖同步完善坑内临时排水沟。竖向分层厚度宜根据支撑竖向间距确定,开挖至支撑中心线标高以下0.8m时必须停止开挖,严禁超挖回填现象发生。上下层土方临时边坡坡度宜控制在1:1,各层土设置6m长台阶,基坑开挖纵向综合坡度≤1:3。当每段土体开挖及支撑施工时间过长时,应抽槽挖土,将钢支撑位置的土体挖除后,立即架设钢支撑,且应先挖中间预留两边土体,最后再对两边土体进行开挖施工。见图1-80、图1-81。

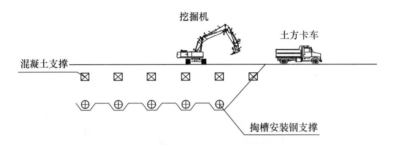

图1-80 钢支撑掏槽开挖安装示意图

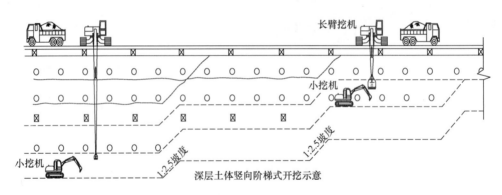

图1-81 阶梯式分层开挖示意图

2. 第一层土方开挖和3m深度以上围护结构的土体可以使用常规挖机直接开挖。可采用"后退式"施工挖去表层土,当开挖至支撑面标高时,用"抽条法"施工,完成第一道支撑的安装,并施加预应力。

3. 基坑内支撑过多常规挖机无法施工时,把小型挖机放在基坑内部,分层挖除基坑内土体,将土倒运至围护结构旁边长臂挖机或抓斗作业半径内。在基坑外围护结构外侧道路上布置常规长臂液压挖掘机或抓斗,将土方垂直运出坑外装车外弃。见图1-82、图1-83。

1.5.3 施工监测

开挖过程中,按既定的监测方案对基坑及周围环境进行监测,详见本书其他章节。

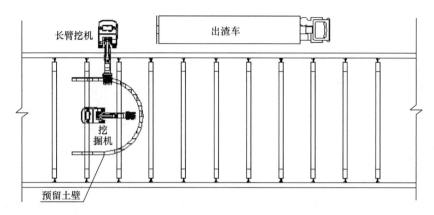

图 1-82　基坑开挖平面示意图

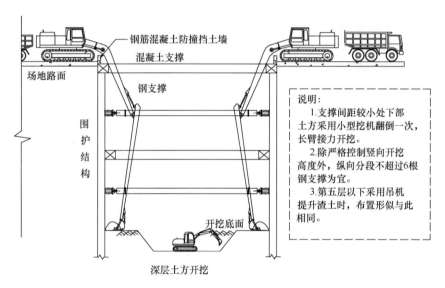

图 1-83　基坑开挖横断面示意图

第2章 桩基础

2.1 灌注桩

2.1.1 一般要求

1. 桩基础施工前应先对施工场地进行平整。场地位于陡坡时，可用枕木、型钢等搭设工作平台；浅水中施工桩基宜用筑岛围堰法，筑岛面积按钻孔方法、设备大小等确定；位于深水中或淤泥较厚时，可搭设工作平台，平台须坚固稳定，能承受施工作业时所有静、动荷载，如水流平稳时，钻机可设在船舶或浮箱上进行钻孔作业，并用锚锭稳固。

2. 根据测量三角网及桩位坐标图，用全站仪放出每个桩孔的中心位置，然后用钢尺复核各桩孔之间的平面距离。桩位中心位置确定后，在周围设置十字护桩，报监理工程师检查验收。验收合格后埋设护筒。

2.1.2 回转钻成孔

1. 回转钻机成孔正循环工艺适用于黏土、粉土、砂性土等各类土层桩基施工，工艺简单，操作简便，但排渣能力弱；反循环工艺适用于黏性土、砂性土、卵石土和风化岩层（卵石粒径少于钻杆内径的 2/3，且含量不大于 20%），其排渣能力比较强，但工艺复杂，易塌孔埋钻，价格较高，是目前市场上主要使用的钻机类型。见图 2-1。

2. 护筒采用 12mm 厚钢板制作，并在顶部焊接加强筋和吊耳，内径宜比桩径大 20～30cm。陆地钢护筒的顶标高应高出地下水位 1.5m，并高出地面 0.3m，遇有桩位处有承压水的，应高出稳定后的承压水 2.0m 以上。护筒长度根据底层情况一般选择 4～6m，对于淤泥、流塑状的淤泥质粉质黏土的护筒应穿越软弱地层。护筒顶面中心与设计桩位偏差应不大于 5cm，倾斜度应不大于 1%。见图 2-2。

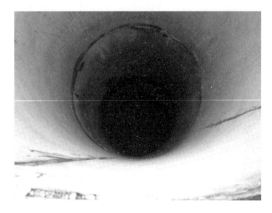

图 2-1 回转钻机　　　　　　　　　　图 2-2 钢护筒

3. 泥浆宜选用膨润土、CMC、PHP、纯碱等配制，制好后需静养 48h 以上，若无分层现象，胶体挂壁明显方能使用。根据地层情况及时调整泥浆性能，在砂土和较厚的夹砂层中成孔时，泥浆比重应控制在 1.2～1.3，在砂卵石等易塌孔土层加大至 1.3～1.5。泥浆黏度一般为 16～22pa.s，松散易坍地层为 19～28 pa.s；新制泥浆含砂率不宜大于 2%，pH 值宜大于 6.5。对桩底沉渣要求高时，可选择高分子聚合物制造泥浆，具体参数根据试验确定。见图 2-3、图 2-4。

图 2-3　泥浆池制备泥浆　　　　　　　　　图 2-4　孔内泥浆

4. 钻孔施工

（1）钻机就位前，应对主要机具及配套设备进行检查。正式开钻前，将桩基相关参数在孔位边上进行标识，并将桩中心用十字线标出。见图 2-5、图 2-6。

图 2-5　护筒上定桩位　　　　　　　　　　图 2-6　钻孔桩标识牌

（2）开钻时宜低挡慢速钻进，钻至护筒以下 1m 后再以正常速度钻进。使用反循环钻机钻孔，应将钻头提离孔底 20cm，待泥浆循环通畅后方可开钻。潜水钻机应按孔径和地质选择钻头，钻头切削方向应与主轴旋转方向一致。

（3）钻进过程中及时滤渣，注意地层土质变化，遇有地层变化处应捞取渣样，与设计提供的地质剖面图相对照，并书面记录，钻渣样应编号保存，以便分析备查。钻进过程中应经常性检查泥浆的各项指标。

（4）钻进时应适当控制进尺，保证成孔竖直、圆顺，防止孔位偏心、孔口坍塌。到达设计标高后，对孔深、孔径、孔位和孔形等进行检查，确认满足设计和规范要求后，方可终孔。

5. 清孔

成孔后应采用专用检测设备对孔深、孔径、垂直度和孔底沉渣等指标进行检测（图2-7），合格后再进行清孔。根据地质情况，清孔可采用正循环或反循环的方式，吊入钢筋骨架后，灌注水下混凝土之前，还应再次检查孔内泥浆的性能指标和孔底沉渣厚度，如若不满足要求，应进行二次清孔，可采用气举反循环的方法。严禁采用加深钻孔深度的方式代替清孔。

图2-7 孔径、孔斜及孔深检测

2.1.3 旋挖钻成孔

1. 钻头规格根据不同的地质条件选用。钻进过程中应保证泥浆面始终不低于护筒底部以上500mm，严格控制钻进速度，避免进尺过快造成坍孔埋钻。钻斗的升降速度宜控制在0.75～0.8m/s，粉砂层或亚砂土层中应减缓升降速度。泥浆初次注入时，应垂直向桩孔中间进行注浆。

2. 钻孔排渣、提钻头除土或因故停钻时，应保持孔内具有规定的水位计要求的泥浆

图2-8 旋挖钻机

相对密度和黏度。处理孔内事故或因故停钻时，必须将钻头提出孔外。

3. 在土层中成孔时，一般采用锥形桶斗齿取土，穿透土层后，更换带挖掘机斗齿的钻头掘进，符合设计要求的深度方可终孔。

2.1.4 人工挖孔

1. 在无地下水或有少量地下水，且较密实的土层或风化岩中，或无法采用机械成孔或机械成孔非常困难且水文、地质条件允许的地区，可采用人工挖孔施工；岩溶地区和采空区不宜采用人工挖孔施工；孔内空气污染物超过《环境空气质量标准》GB 3095 规定的三级标准浓度限值，且无通风措施时，不得采用人工挖孔施工。

2. 进场后应先平整场地、清除杂物、地表夯打密实，桩位处地面应高出原地面 50cm 左右，场地四周开挖排水沟，防止地表水流入孔内。

3. 在每个桩位处铺厚木板工作平台，安装铁制绞车提升挖孔桩土石方。在混凝土护圈上设软爬梯供人员上、下使用，软梯可采用钢筋焊接，孔口预留两根钢管作为软梯的固定接点，每隔 4～5 节在混凝土模打入两根 ϕ20mm 的钢筋固定。见图 2-9、图 2-10。

4. 从上到下逐层用镐、锹挖土，遇坚硬土或大块孤石采用锤、钎破碎，挖土顺序为先挖中间后挖周边，按设计桩径加 20cm 控制截面大小。孔内挖出的土装入吊桶，采用自制提升设备将渣土垂直运输到地面。孔壁不需刻意修整，保持一定的粗糙度，增加桩的摩擦力。见图 2-11、图 2-12。

图 2-9　混凝土护圈上设软爬梯

图 2-10　挖孔桩现场

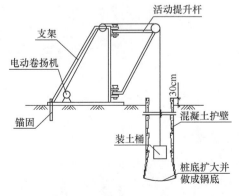

图 2-11　挖孔桩示意图

图 2-12　挖孔桩现场

5. 护壁采用现浇模注混凝土护壁，混凝土强度等级与桩身设计强度等级相同。第一节混凝土护壁（原地面以下 1m）径向厚度宜为 20cm，宜高出地面 20～30cm，作为井口围圈，防止井上土石落井伤人。等厚度护壁如图 2-13、图 2-14 示。

图 2-13　挖孔桩护壁示意图

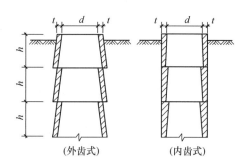

（外齿式）　　　（内齿式）

图 2-14　挖孔桩护壁型式

6. 每挖掘 0.8～1.0m 深，即立模灌注混凝土护壁。护壁平均厚度 15cm，两节护壁之间留 10～15cm 的空隙，以利于混凝土的灌注。模板保证一定粗糙度，提高与桩体混凝土的粘结效果，为方便混凝土入模，护壁方式可采用喇叭错台状。护壁混凝土钢模板厚度应不小于 3mm，浇筑混凝土时拆上节，支下节，自上而下周转使用。模板分为两个半圆用 U 形卡连接，上下设两道 6～8 号槽钢圈顶紧，用螺栓连接。护壁混凝土坍落度宜为 14cm 左右。

7. 孔内中部宜挖一道深度为 30～50cm 的集水坑，及时抽排孔内少量地下水。地面做好沉淀池、排水沟、集水井等排水设施。

8. 挖孔过程中做好通风和防毒工作，应始终保持孔内空气质量符合《环境空气质量标准》GB 3095 规定的三级标准浓度限值的要求。

2.1.5　钢筋笼加工安装

1. 钢筋笼制作应规范化、标准化，宜采用自动滚焊机加工，保证钢筋笼笼径、主筋、箍筋间距和焊接质量满足设计和规范要求，现场不具备滚焊条件的，应在支架上进行钢筋的焊接作业（图 2-15、图 2-16）。

图 2-15　现场钢筋安装支架

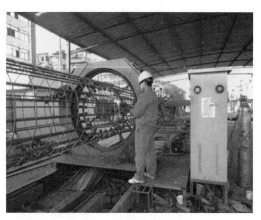

图 2-16　自动滚焊机焊接

2. 存放钢筋笼的场地应进行混凝土硬化，成品钢筋笼应堆放规范，防止锈蚀、变形和污染（图 2-17）。

图 2-17　钢筋笼存放场地硬化

3. 钢筋笼加工完成后需进行标识及验收，对暂时不用的钢筋笼进行覆盖（图 2-18）。

图 2-18　钢筋笼覆盖及支垫

4. 钢筋笼根据起吊高度分段制作，宜采用吊车吊装入孔，入孔速度应均匀，不得碰撞孔壁，就位后使钢筋笼轴线与桩轴线重合，在孔口用小钢轨固定在井字形方木上，防止混凝土灌注时浮起或位移。灌注完毕，上部混凝土初凝后，即可解除钢筋笼的固定设施。钢筋笼按照设计要求设置保护层垫块。见图 2-19～图 2-21。

图 2-19　钢筋笼吊装　　　　　　　　图 2-20　钢筋笼抗浮措施

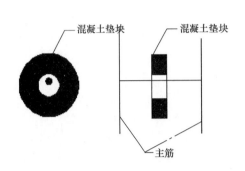

图 2-21　钢筋笼保护层垫块采用混凝土垫块

2.1.6　水下混凝土灌注

1. 灌注导管采用 $\phi300mm$ 的快速卡口垂直提升导管。导管使用前组装编号，并进行拉力和水密性试验（图 2-22）。下放导管时小心操作，避免挂碰钢筋笼。

图 2-22　混凝土灌注导管、导管水密试验

2. 首批封底混凝土数量应计算确定，保证一定的冲击能量将泥浆从导管中排出，灌注首批混凝土时，导管下口至孔底的距离宜为 $25\sim40cm$，混凝土灌注时间应小于初凝时间，当混凝土面抵达钢筋笼位置时，应采取措施防止钢筋笼"上浮"。

首批混凝土数量计算如下：

$$V = h_1 \times \pi d^2/4 + H_c \times \pi D^2/4;$$
$$h_1 \equiv H_w \times Y_w/Y_c$$

式中　D——钻孔桩直径；

d——导管直径；

H_c——首批需要混凝土面至孔底高度＝导管埋深（1m）＋导管底至孔底高度；

H_w——混凝土面到水面高度；

Y_w——导管外水或泥浆密度；

Y_c——混凝土密度取 $2.4t/m^3$。

图 2-23　桩基灌注混凝土漏斗

图 2-24　混凝土灌注

3. 打开漏斗阀门，放下封底混凝土，首批混凝土灌入孔底后，立即探测孔内混凝土面高度，计算出导管内埋置深度，如符合要求，即可正常灌注。桩基灌注混凝土漏斗见图 2-23，灌注现场见图 2-24。导管法水下灌注混凝土示意图见图 2-25。

4. 桩基混凝土灌注应连续进行，严禁中途停工。注意观察管内混凝土下降和孔内水位升降情况，及时测量孔内混凝土面高度，正确指挥导管的提升和拆除；导管的埋置深度宜控制在 2～4m。同时应经常测探孔内混凝土面的位置，即时调整导管埋深。

5. 灌注过程中若发现导管内混凝土不满，含有空气时，混凝土应徐徐灌入，避免在导管内形成高压气囊，挤出管节间的橡皮垫，而使导管漏水。当混凝土面升到钢筋骨架下端时，注意防止钢筋骨架被混凝土顶托上升。

6. 灌注将近结束时，为防止造成混凝土顶升困难的情况，可在孔内适当加水稀释泥浆，并清掏部分沉淀土。应控制最后一节长导管拔管速度，防止桩顶沉淀的泥浆挤入导管下形成泥心。

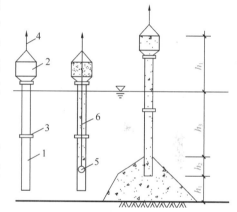

图 2-25　导管法水下浇筑混凝土
1—钢导管；2—漏斗；3—接头；
4—吊索；5—隔水塞；6—钢丝

7. 超灌高度还应考虑商品混凝土中粉煤灰含量较高，可能上浮堆积在桩头，超灌高度宜适当加大，一般不少于 1m。

2.1.7　桩头清理

1. 混凝土灌注桩桩头应在垫层标高以上 0.3m 弹出控制线，桩头超出设计标高 1m 以上可采用机械破除；0.3～1.0m 范围内应采用风镐破除；0.3m 控制线以下应人工破除。桩头修理平整、干净，并露出密实混凝土（图 2-26）。

2. 桩顶嵌入承台内的长度应符合设计和规范要求，嵌入承台部分的桩侧泥渣应清理干净。当桩顶标高略低于设计标高时，应将桩侧做成"锅底"状，侧边用水泥砂浆抹平，确保有效桩头伸出锅底不小于 5～10cm。桩顶纵向主筋应调直，锚入承台长度应符合设计

图 2-26 灌注桩桩头清理

和规范要求。见图 2-27、图 2-28。

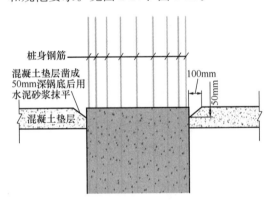

桩身钢筋

混凝土垫层凿成
50mm深锅底后用
水泥砂浆抹平

100mm

50mm

混凝土垫层

图 2-27 桩头"锅底"处理示意图

图 2-28 桩顶锚固钢筋接长

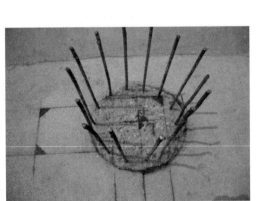

图 2-29 桩中心线及桩位偏差标识

等结构位置，便于控制立模精度。见图 2-29。

3. 接桩（桥梁）。采用风镐和人工相结合对桩身顶部进行凿桩处理，凿至桩身混凝土正常部位，并将桩头凿成平面。焊接钢筋笼的长度、焊接接头长度及焊缝质量必须满足设计和规范要求。接桩混凝土浇筑前，应将桩头面擦洗干净并保持湿润。接桩混凝土强度应满足设计要求，分层浇筑并振捣密实。接桩混凝土达到一定强度后，应对桩身周围分层回填密实。

4. 桩头清理完毕后，应在垫层上标出桩位中心及桩位偏差，并标出墩台、系梁

2.2 承台

2.2.1 钢板桩支护

1. 钢板桩拼组前应进行外观质量和锁口质量检查。

（1）外观质量检查

桩身无残缺、残迹，整洁无锈皮、无卷曲，否则应对缺陷部位进行休整，锁口内的电焊瘤渣、废填充物等应清除干净。

（2）锁口检查

以长约 2m 的同类型、同规格的钢板桩作标准，采用卷扬机拉动标准钢板桩平车，将所有同型号的钢板桩做锁口通过检查。对于锁口扭曲应进行矫正。

每片钢板桩分为上、中、下三部分用钢尺测量其宽度，保证每片桩的宽度基本在同一尺寸内（锁口平行）。对于肉眼看到的局部变形可进行加密测量，超出偏差的钢板桩不宜使用。

经检查合格的钢板桩，锁口需均匀涂抹混合油便于顺利插拔，同时有利于增强防渗性能。

2. 装卸钢板桩宜采用两点吊。吊运时，每次起吊的钢板桩根数不宜过多，注意保护锁口免受损伤。钢板桩应堆放在平坦坚固的硬化场地上，分层堆放，每层堆放不超过 5 根，层间每隔 3～4m 垫一根枕木，上、下层垫木应在同一垂直线上，堆放的总高度不宜超过 1.5m。

3. 为提高钢板桩的贯入能力及防止其屈曲变形，保证沉桩位置和垂直度，需要设置一定刚度导向架。导向架采用单层双面形式，由导梁和围檩桩等组成，围檩桩的间距宜为 2.5～3.5m，双面围檩之间的间距不宜过大，一般宜比板桩墙厚度大 8～15mm。见图 2-30。

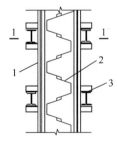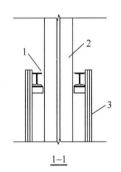

图 2-30 围檩插桩法
1—围檩；2—钢板桩；3—围檩支架

4. 钢板桩插打时，喂料吊车用拉绳吊起钢板桩，人工拉绳扶桩对位，与已施工钢板桩锁口对位后缓缓落下吊勾，依靠钢板桩自重下插卡入，当桩身自重不能继续下沉时，宜采用振动锤夹持钢板桩振动下沉。软土地质条件下易发生带动邻近桩下沉的情况，可边插打边将已插入桩焊接形成整体。水中施工的钢板桩围堰宜自上游开始施打，至下游合拢。

5. 为防止单块钢板桩打入产生较大累计误差，宜采用分段复打法施工：每10～20块钢板桩组成1个施工段，沿导向架插入土中一定深度形成屏风墙，先将其两端钢板桩打入，严格控制垂直度作为导向桩，再从两端向中间施打剩余钢板桩；围堰尺寸较小时，钢板桩也可用每一边的中间桩作为导向桩，逐步向两端推进，最后制作异形钢板桩角桩。插打过程中每块桩倾斜度不得超过2%，否则应调正或拔起重打。见图2-31。

6. 钢板桩围堰封闭后，自上而下边降水边施工围檩和钢支撑。见图2-32。

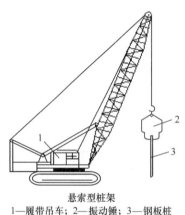

悬索型桩架
1—履带吊车；2—振动锤；3—钢板桩

图 2-31　悬索型桩架示意图

图 2-32　承台深基坑支护

7. 承台混凝土浇筑结束基坑回填完毕后，可进行钢板桩拔除作业。拔桩时先锤击振动后拔高1～2m，然后按次序将所有钢板桩均拔高1～2m，使其松动后，再依次拔除。拔桩顺序应与插打钢板桩相反。为了减少拔桩振动、空隙对周边构筑物的影响，可以采用跳拔或压密注浆加固的方式。

8. 拔出的钢板桩应及时清除土砂，涂以油脂。变形较大的钢板桩需调直，完整的钢板桩要及时运出工地，堆置在平整的场地上。

2.2.2　承（墩）台施工

1. 基坑开挖时现场要有专人指挥，坑内四周开挖排水沟和集水井，用水泵连续抽水保持无明显积水；基坑顶面四周适当距离设截水沟，避免地表水沿边坡流入基坑，截水沟设置一定的纵坡，便于水尽快排出，保证坑壁稳定。严格控制坑边堆载，保持基坑稳定。基坑开挖即将到达设计坑底标高时，采用人工清除坑底土，并进行压实。承台开挖及施工见图2-33、图2-34。

2. 基坑开挖至设计标高并经验收合格后，尽快浇筑基础垫层混凝土。钢筋绑扎应在垫层混凝土达到设计强度75%后进行，在垫层面上弹出钢筋的外围轮廓线，并用油漆标出每根钢筋的平面位置。承台和墩台模板按外轮廓墨线安装，模板表面刷专用脱模剂，模板采用支撑和对拉螺栓固定。钢筋集中加工现场绑扎，底层承台钢筋网片与桩身钢筋焊接牢固；搭设钢管架绑扎、定位好上层承台钢筋和预埋于承台内的墩身钢筋。见图2-35。

图 2-33　主桥承台基坑开挖

图 2-34　承台钢筋施工

图 2-35　钢筋焊接牢固

3. 大体积承（墩）台浇筑应选择合适的原材料，优化混凝土配合比来控制水化热。混凝土结构内部设置测温点，当内外温差过大时，应通过冷却水循环降温，保证内外温差不大于15℃（图 2-36、图 2-37）。夏季高温季节浇筑混凝土时，应避免模板和新浇混凝土直接受阳光照射，保证混凝土入模前模板和钢筋的温度不超过40℃，否则应安排在夜间浇筑混凝土；冬季低温条件下浇筑混凝土，应采取适当的保温防冻措施，防止混凝土终凝前冻损。

图 2-36　大体积混凝土的温度控制

图 2-37　冷却水池

4. 承台侧模架立（图2-38）并经验收合格后进行基础混凝土浇筑，混凝土应采用窜筒或溜槽入模，溜槽过长时应设置减速装置。用插入式振捣棒水平分层振捣，厚度宜控制在30～40cm，宜一次连续灌注。如中途停灌，灌注面应成水平面，禁止斜面接缝。浇筑上层时，振捣器稍插入下层使两层结合一体。振捣器应振动至混凝土停止下沉，无显著气泡上升，表面平坦并呈现薄层水泥浆时为止。混凝土浇筑应连续进行，因故间歇时不超过允许间歇时间，以便在下层混凝土初凝前将本层混凝土振捣完毕，否则应按施工缝处理。

图2-38　承台侧模架立

5. 承台混凝土达到设计强度后进行基坑回填，根据设计配比配制灰土分层回填，承台四周可用小型压实机械夯实（图2-39）。

图2-39　小型压实机械夯实

6. 拆模宜在混凝土内部与表层、表层与环境温度之差不大于20℃，且混凝土内部温度开始降温后进行。拆除过程中注意防止损伤混凝土成品。相对湿度较小、风速较大的环境下浇筑混凝土时，应采取挡风措施，防止混凝土失水过快，应避免较大表面积的构件直接暴露。

7. 养护措施视不同季节而定，夏季混凝土终凝后，顶面及时采用土工布覆盖并洒水养护，拆模后表面采用塑料薄膜包裹，并定时洒水养护，防止失水过快产生收缩裂缝，养护时间视气温、湿度和结构尺寸而定，宜为14～28d；冬期施工还应设置保温层，养护时间不得少于28d。

第 3 章　地基处理

3.1　浅层处理法

3.1.1　换填法

1. 基底开挖可用推土机、挖掘机和人工配合进行。软基在开挖时要注意解决渗水或雨水两个问题，可采用边挖边填，也可进行全部或局部回填，尽可能换填渗水性（碎石垫层、砂垫层等）材料，并注意及时排水。见图 3-1、图 3-2。

2. 按照一般路堤填筑方式进行填筑。

图 3-1　清除表层土　　　　　　　　　　图 3-2　碎石换填

3.1.2　土工格栅

1. 土工材料由耐高温、耐腐蚀、抗老化、不易断裂的聚合物材料制成。其抗拉强度、顶破强度、负荷延伸率等必须符合设计图纸的各项参数要求。

2. 检测、清理下承层，人工铺设土工格栅搭接、绑扎、固定；摊铺上层前，先进行路基土碾压检测，土工格栅在平整的下承层上按设计要求的宽度铺设，确保其上下层填料无刺坏土工格栅的杂物。

3. 在平整压实的场地上，安装铺设的格栅其主要受力方向（纵向）应垂直于路堤轴线方向，铺设要平整，无皱折，尽量张紧。

4. 用插钉及土石压重固定，铺设的格栅主要受力方向最好是通长无接头，幅与幅之间的连接可以人工绑扎搭接，搭接宽度不小于 20cm（图 3-3）。如设置的格栅在两层以上，层与层之间应错缝。错缝距离不得小于 50cm。大面积铺设后，要整体调整其平直度。当填盖一层土后，未碾压前，应再次用人工或机具张紧格栅，力度应均匀，使格栅在土中为绷直受力状态。

5. 填料的摊铺和压实

图 3-3　土工格栅搭接处通常为 20cm 以上

（1）土工材料铺设完后，应立即铺筑上层填料，其间隔时间不得超过 48h，亦可采取边铺设边回填的流水作业法。运输车辆卸料应倒车慢速驶入施工段落，施工时设专人指挥。见图 3-4。

（2）禁止一切施工车辆和施工机械行驶或停放在已铺好的土工格栅上，施工中随时检查土工格栅的质量，发现有折损、刺破、撕裂等损坏时，视程度修补或更换。见图 3-5。

（3）碾压时压轮不能直接与土工格栅接触，以免土工格栅错位。

<table>
<tr><td align="center">图 3-4　在土工格栅上填筑路基</td><td align="center">图 3-5　人工检查土工格栅平整度</td></tr>
</table>

3.2　预压法

3.2.1　堆载预压

1. 堆载预压应在完成路基回填，并经验收合格后进行。

2. 由测量人员放出路基顶面边线，用白灰将堆载预压填筑范围及土工布铺设边界洒线做出标记，并完善排水系统。在预压土填筑施工前，于路基顶面铺设一层土工布，预压土底部土工布铺设范围每侧应超出堆载土方边线 1m，以防止预压土对基床底层造成污染和地表降水渗入基床底层，同时也为预压期满后的卸载提供分界依据，防止卸载时扰动基床底层结构，保证路基的整体性和稳固性。

3. 土工布铺设之前，首先清理路基顶面的杂物，清理干净并确保顶面平整后，按照放好的铺设范围白灰线铺设土工布，土工布沿线路轴线横向铺设，铺设时应确保土工布紧贴路基顶面，无凸起、无褶皱。土工布单幅之间的搭接应不小于 20cm。

4. 堆载时严格控制加载速率，边堆土边推平，填筑预压土过程中，要对路基沉降观测板和侧向位移观测桩按规范规定的频次进行观测，确保每级荷载下的路基稳定性。填筑后表面要求平整，横坡不小于2%，以防止表面积水。当预压土方达到设计填筑高度后，便开始进入静载预压期。见图3-6、图3-7。

图3-6 加载预压　　　　　　　　　　　图3-7 加水预压

5. 根据设计图纸要求，路基全线根据设计断面设置沉降观测桩进行沉降及位移观测，上土时要做好对沉降观测管的保护，先将沉降观测管周围用土围起来，再上其余土，防止机械碰撞沉降观测管。

6. 在预压土分层填筑过程中及填筑完成后的预压期内，按照设计要求的频率进行详细的沉降观测。沉降观测由第三方专业队伍负责完成，预压期的沉降观测从加载施工开始时起，观测频率应符合设计及规范要求。

7. 堆载预压期不应少于6个月。堆载预压卸载时间应根据观测资料和沉降观测数据推算结果，由建设单位组织设计、监理、施工单位共同研究确定卸载时间，如果沉降期满路基沉降变形仍不收敛，应及时与监理单位、设计单位以及建设单位取得联系，共同协商，采取延长预压期等相应措施进行处理，使工后沉降最终满足设计要求。

8. 预压稳定后经同意可进行卸载。卸载用装载机装土，自卸汽车运输至弃土场，机械施工时预留20cm厚度，由人工清除，以防破坏基床底层整体性及稳固性，最后清理土工布。

9. 对卸去预压土的路床顶面进行测量，测量结果与设计高程进行比较，对于沉降量可按设计要求进行补偿施工。

10. 堆载预压施工注意事项。

（1）堆载预压填料不得使用淤泥土或含垃圾杂物的填料，填筑过程中按照设计要求或采取有效措施防止预压土污染已填筑好的路基。

（2）预压荷载不应小于设计荷载。

（3）预压土的宽度和坡度应满足设计要求。

（4）堆载预压土应边堆边推平，顶面应平整。

（5）堆载预压施工时应保护好沉降观测设施。

（6）堆载预压土的填筑速率应符合设计要求，并保证路堤安全、稳定。

（7）由于堆载预压时间较长，为防止雨雪对路堤的侵害，应在预压土顶面设置4%的排水坡，侧坡做好临时排水系统。并采取有效措施防止可能对填筑好的路基带来其他的污染。

（8）卸载后的预压材料应运至指定地点堆放。

3.2.2　真空预压法

施工流程：施工准备→平整场地→铺下层砂垫层→打塑料排水板→铺设上层砂垫层→铺设滤管、挖密封沟→铺密封膜（回填密封沟）→安装抽真空装置→抽真空排水→沉降监测，数据达到设计要求后才能进行后序施工。

真空预压法主要由排水系统、抽真空系统和密封系统三部分组成。排水系统主要由塑料排水板（垂直排水）和砂垫层（水平排水）组成，垂直排水系统施工详见下节，此处主要讲述抽真空系统和密封系统。

1. 主、支滤管定位和安装

（1）在报验合格的砂垫层上进行主、支滤管布置，全部吸水管均需埋入砂垫层中，并通过出膜口及吸水管与真空泵连接。见图 3-8、图 3-9。

图 3-8　开挖滤管沟槽

图 3-9　滤管铺设

（2）在场地范围内均匀布设一定数量的真空测头（图 3-10）。

2. 铺设土工布及密封膜

（1）密封膜：一般采用聚氯乙烯土工膜。见图 3-11。

（2）土工布材料采用聚酯、聚丙烯或聚乙烯聚酰胺。先铺一层无纺土工织物，用手提缝纫机连接，两边预留一定的长度。再用人工将二层密封膜分层铺放覆盖整个真空预压区。注意在加固区四周，密封膜应留有足够的超宽余量。

（3）在铺密封膜前，要认真清理平整砂垫层捡除带尖角的石子，填平打设袋装砂井或塑料排水板时留下的孔洞，应将露出的排水板头埋入砂垫层中，第一层膜铺好后要认真检查及时补洞，再铺设第二层密封膜，同样要认真检查及时修补孔洞。

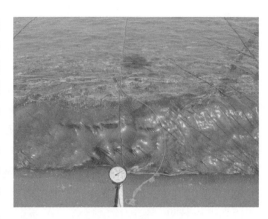

图 3-10 真空度表

图 3-11 铺设密封膜

3. 开挖、回填密封沟

密封沟布置在施工区四周，在真空预压施工中起周边密封的作用。密封沟施工采用人工结合机械开挖（图 3-12），开挖深度应符合设计要求，在铺设密封膜后，密封沟须用黏土回填。开挖密封沟时应注意防止塌方，谨防坚硬带棱角碎石等落入沟中。施工时要求边

图 3-12 开挖密封沟

图 3-13 抽气管道和真空泵

开挖、边埋膜、边回填。

4. 抽气管道和真空泵联接

真空主管通过出膜器及吸水胶管与真空泵连接。出膜的连接必须牢固，密封可靠。为了防止地质突变等不利条件，也可预留若干个备用出膜接口，以备加泵使用。

5. 抽真空及真空维持

当上述工作完成后，即可开始抽真空及抽充密封膜。抽真空以后，加固区内膜下真空度会持续上升。当膜下真空度达到并稳定在 80kPa 以上时，即进入正常真空预压阶段。在抽真空过程中，应巡回检查，发现问题及时处理（图 3-15）。若在抽真空开始以后，膜下真空度在预期内达不到 80kPa，则需采取相应的技术措施加以处理。从而确保真空预压能达到设计效果。根据施工经验，在抽真空 3～10d 后，即可进入正常的真空预压。抽真空开始需同步进行监测。

图 3-14　排气过程

图 3-15　人工查找、处理漏气点

6. 铺第二层土工布、膜上仪器埋设

进入正常的真空预压期，在密封膜上铺设第二层无纺土工布时，要注意清除密封膜表面上因施工或人为原因产生的尖锐物体，同时查看有无破洞。在填土施工前放置表面沉降板（图 3-16）及其他膜上观测仪器。

图 3-16　沉降板埋设及保护

7. 路基填筑施工

在真空预压加固区膜下真空度达到设计
要求后，满足以下条件连续抽真空 3 个月；
或地基固结度达到 90% 以上；或连 10 天沉降
速率小于 2mm/d 时，经设计、建设、监理、
施工等确定后方可停机卸荷，验收合格后进
行下道工序施工。继续沉降观测一定时间，
以观察卸载后路基的沉降稳定情况。

8. 其他注意事项

（1）密封沟

开挖密封沟，埋设密封膜是真空预压最

图 3-17　真空泵抽真空

关键的工序，也是后续抽真空维护检查的重点部位（图 3-17）。开挖密封沟是需要机械和
人工联合完成，边开挖边埋设密封膜，所以密封沟开挖不能视为简单的挖沟，施工经验非
常重要。开挖密封沟要考虑到开挖时的天气、方向和角度、安全措施和开挖的辅助工具准
备等。具体如下：

① 开挖时间必须在白天不能在夜间，避免出现密封沟塌方不易发现的危险。

② 开挖时遇到降雨应停止施工，防止因雨水渗流造成密封沟塌方。

③ 开挖密封沟时注意堆土的位置尽量远离密封沟，防止沟边荷载过大造成塌方
危险。

④ 开挖前需要进行技术交底，掌握密封沟位置下面是否有管线，电缆等，尤其是军
用电缆。

⑤ 开挖时如遇到废弃的水管、电管、通信管道，需要事先准备填充材料或工具及时
采取密封措施。

（2）抽真空管道布设

抽真空主干管与滤管间用四通连接或三通连接，真空主管通过出膜器及吸水胶管与真
空泵连接，胶管套入滤管长约 100mm，其接头处用钢丝绑扎两道，且钢丝结头严禁朝上；
出膜器的连接必须牢固可靠，为防止由于地质突变等不利条件（如遇地下承压水层等），
可预留若干个备用出膜接口，以备加泵使用。

（3）抽真空及真空度维持

① 选用合格真空表监测真空度。真空表需有出厂合格证，经送检校验合格后方可
使用。

② 在抽真空过程中，若膜体表面出现一些漏气小孔洞，有可能使局部膜下真空度出
现下降，应仔细检查发现并及时用聚氯乙烯胶水加以修补。

③ 若在抽真空开始以后，膜下真空度在预期内达不到设计要求，则需采取相应的技
术措施加以处理，从而确保真空预压能达到设计的要求。

④ 进入正常的真空预压期后，在密封膜上铺设第二层无纺土工布时，要注意清除密
封膜表面上的尖锐物体，同时查看孔洞情况。在填土施工前应设置表面沉降板及其他膜上
观测仪器。

⑤ 正常抽真空期间，配备人员 24h 现场值班，保证电机及抽真空系统正常工作。现

场值班人员须按期观察并记录真空度变化情况，当膜下真空度达到设计要求以上时，每2h记录真空度一次，并逐日汇总上报。

⑥ 关停真空泵进行检修时，须立即关闭球阀，防止水箱中存水被抽干而造成真空泄漏，从而影响真空预压效果。为避免膜下真空度在停泵后迅速降低，应在真空管路中设置止回阀和闸阀。

3.3 塑料排水板排水固结法

施工流程：施工准备→平整场地、挖排水沟→铺下层砂垫层→稳压→放样→机具就位→塑料排水板穿靴→插入套管→拔出套管→检查并记录板位等情况→割断排水板→机具移位→铺设上层砂垫层

施工要点：

1. 塑料排水板施工前，要对场地进行清表、整平和初步碾压，做好土拱坡、铺设好砂垫层（图3-18）。为了保持工作面的整洁、根据地形挖好排水沟，以利于排水。

图 3-18　砂垫层

2. 根据设计图纸准确放样，并在每个孔位做好标记。

3. 桩机就位：插板机就位后，检查桩端处夹头，确保夹头位置距离带端部 15～20cm，防止拔导管时发生跟带，桩尖对准孔位，然后施震沉管，沉管应达到设计深度。

4. 沉管：沉管过程中注意导管的垂直度，倾斜度不得大于 1.5%，导管下沉速度不宜过快，一般控制在每分钟 4～5m，沉管过程中不应上提。

5. 拔管：缓慢匀速拔管，以便让软土具备缩孔的机会，使得排水板不易被钢导管带动。从装排水板卷的铁架至钢管顶部之间的带子宜保持松弛。拔管过程中塑料排水板被带上 40cm 以上时应补打。排水板留出孔口长度应保证深入砂垫层不小于 0.5m，施工完成后可将排水板露出端弯折，埋置于砂垫层中，整平砂垫层。见图 3-19。

图 3-19　塑料排水板施工

3.4　水泥深层搅拌桩加固法

施工流程：施工准备→放线定桩位→搅拌机就位调平→搅拌下沉至设计加固深度→喷浆搅拌提升至预定停浆面→重复搅拌下沉至设计加固深度→重复搅拌提升至预定停浆面→提升至地面→关闭搅拌机械→打印成桩资料→移至下一桩位继续施工。见图 3-20。

1. 桩机就位：保证起吊设备的平整度和导向架的垂直度，搅拌桩的垂直度偏差宜≤1.0%，桩位偏差不得大于5cm。

2. 浆液配制：应按规定的配合比拌制。严格控制水灰比，加水应经过核准的定量容

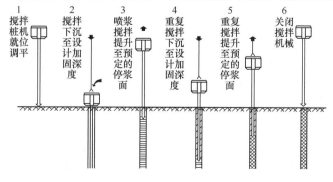

图 3-20　水泥搅拌桩施工流程示意

器。水泥浆必须充分拌和均匀，拌和时间不得少于3min，检测浆液密度并书面记录。水泥浆液保证每根桩所需浆液一次单独拌制完成。应有专人记录每根桩的水泥用量，制备好的浆液不得离析（超过2h必须废弃），倒入集料时应加筛过滤，以免结块，损坏泵体，泵送浆液前，管路应保持潮湿，以便于输送浆液。

3. 严格控制下钻深度，浆喷高程及停浆面，确保浆喷桩长和水泥浆喷入量达到设计要求。全桩水泥用量不得小于设计要求，每米用量误差应不大于5%。搅拌机每次下沉或提升的时间必须有专人记录，时间误差不得大于5s。

4. 供浆必须连续，拌和必须均匀。一旦因故停浆，为防止断桩和缺浆，应使搅拌机钻头下沉至停浆面以下0.5m，待恢复供浆后再喷浆提升。如因故停机超过3h，为防止浆液硬结堵管，应先拆卸输浆管道，清洗后备用。对于未完桩应采取补喷措施或重打，所有接桩及补桩都须报现场监理批准并做好记录。

5. 输浆管道长度不得大于60m，钻头磨耗量不得大于1cm，钻头以不大于设计桩径3cm为宜，以免影响成桩质量。

6. 复搅：钻头提升地面后，应立即反向钻进复搅，以增加水泥土的均匀性。复搅深度为桩身全长，并且复搅宜一次完成。如一次复搅确有困难，可在总监同意的条件下，分段喷浆，分段复搅，但二次喷浆至少应重叠0.3～0.5m，二次复搅至少应重叠1.0m以上。

7. 资料打印：成桩后，钻机移动前打印施工过程资料和成桩资料，严禁以后补打。

8. 清理搅拌叶片上包裹的土块及喷浆口，进行桩机移位。

9. 桩位施工顺序：在某一区域内，应先打设路基两侧及该处理段两头的湿喷桩，以形成一个封闭的区域，再逐圈往中心打设，利于整体的成桩质量和软基处理效果。施工现场见图3-21。

图 3-21　水泥搅拌桩施工

3.5　预应力管桩加固法

1. 桩机安装就位：利用桩机上行走装置、移动行走就位，行走过程中要保持架底盘平稳，桩机就位后将行走油门关闭，然后将机架底盘调到水平固定。

2. 桩位放线：定位前，根据建设单位提供的坐标控制点、建筑物轴线坐标点及有关数据，进行测量内业数据计算和复核；采用全站仪定位桩位，在桩位中心打入钢筋头作为标志，自检合格后，报监理单位验收，验收合格后方可开始压桩，压桩过程中，每一根管桩就位，由施工员和质检员再次复核，准确对中，确保桩位精确无误。其放样误差控制在20mm范围内，轴线测量误差不超过轴线长度的1/2000。

3. 吊桩（图3-22）：管桩用桩机上起吊钩吊入机架导向杆内，用压梁上桩冒将桩管固定，当桩被吊入夹桩钳后，由指挥员指挥机长将桩徐徐下降，直到桩夹离地面10cm，然后将桩尖对准桩位下插，先施沉管桩0.5～1m，此时停止施压，再从桩的两个正交侧面校正桩身垂直度，将桩身垂直度控制在0.5％之内。

图3-22　吊桩

4. 压桩（图3-23）：桩管垂直度调整后，启动卷扬机，利用卷扬收放钢丝索，将压力通过压梁桩帽施加到桩顶上，将桩逐渐沉入土中，因上部土层较松，故第一节桩管沉压过程中，原起吊桩管用邦扎钢丝绳需固定在桩管上，以防止桩管在其自重作用下下沉，如果沉管到接桩位置（顶端高出地面0.8m左右）桩管仍下沉，将采用专用的钢夹板将桩管夹持住再进行接桩。施压过程中，注意观察桩身情况，确保轴心受力，若有偏心，及时较正，压桩应连续，间歇时间不得超过1h。

5. 接桩（图3-24）：采用坡口对焊法，焊机选用32KVA交流电焊机，接头钢板为低碳钢，采用E4303焊条。坡口焊接宜选用$\phi 4$～$\phi 5$焊条。施焊应对称、分层、均匀、连续进行，焊缝应连续饱满。若在大风和雨天施工，应采用可靠的防风、防雨措施。焊接后应进行外观检查，焊缝不得有凹痕、咬边、焊瘤、夹碴、裂缝等表面缺陷。焊接结束后，焊缝应自动冷却后，才能继续压桩，自然冷却时间一般不少于1min，严禁用水冷却或焊好立即沉压，这是因为焊好即压，高温的焊缝遇到地下水会冒白烟，如同淬火一样，焊缝容易变脆而被压裂。当管桩较密集且桩接头有较大裂缝时，压桩引起的土体上涌，有可能将桩接头拉断，造成严重的质量事故。同时施焊前，桩端钢帽应用钢丝刷刷净，去掉上面的泥土、铁锈等杂物。

6. 送桩：当设计桩顶标高低于地面标高时，采用专用桩筒送桩，将送桩筒底端对准送桩桩顶，然后施压以便达到设计标高位置，桩顶标高采用水准仪测量控制。

图 3-23 压桩   图 3-24 接桩

7. 预应力管桩外观质量主要检查桩头无破损、变形。成桩后应对桩位、桩长、强度、接缝、完整性、承载力进行检查。其中承载力采用静载试验法（图 3-25），桩身检测采用低应变动测法、接缝的完整性可采用探伤法检测。

图 3-25 预应力管桩静载试验

第2篇　钢筋混凝土工程

第4章　模板支架工程

4.1　一般规定

1. 宜优先使用胶合板和钢模板，在条件允许的情况下可选用木模板。

2. 在计算荷载作用下，对模板、支架结构应按受力工况分别验算其强度和刚度，对支架还应进行稳定性验算。

3. 模板板面之间应平整，接缝严密，不漏浆，保证结构物外露面美观，线条流畅。

4. 模板、支架可采用钢材、胶合板、塑料板和其他符合设计要求的材料制作。

5. 重复使用的模板、支架应经常检查、维修。

4.2　设计原则

1. 模板、支架的设计，应根据结构形式、跨径、施工组织设计、荷载大小、地基土类别及有关的设计、施工规范进行。

2. 应绘制模板、支架的总装图和细部构造图。

3. 应制定模板、支架结构的安装、使用、拆卸保养等有关技术安全措施和注意事项。

4. 应编制模板、支架材料数量表及设计说明书。

5. 钢、木模板及支架的设计荷载与结构设计，可按现行《公路桥涵钢结构及木结构设计规范》JTJ 025 的有关规定执行。

4.3　模板

4.3.1　机具设备

模板工程涉及的设备主要有圆盘锯、平刨机、压刨机、螺杆机、砂轮机、切割机、电钻、电焊机等。操作人员在施工中必须携带手锯、铁锤、水平尺（管）、手工刨、扳手、铁脚尺、钢卷尺、线坠、撬杠等工具（图4-1～图4-7）。

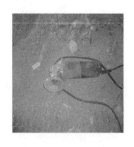

图4-1　铁锤、5m卷尺　　图4-2　手锤、手钻　　图4-3　磨光机　　图4-4　撬棍

图 4-5 圆盘锯　　　　　　　图 4-6 手锯　　　　　　　图 4-7 钻孔机

4.3.2 选型

1. 木、胶合板模板

木、胶合板模板可在工厂或施工现场制作，模板与混凝土接触的表面应平整、光滑，不得有杂质、气泡、流挂及裂纹等明显缺陷，板厚不小于 15mm，周转次数不宜超过 2次，用于底模时不超过 1 次（图 4-8，图 4-9）。模板的接缝可做成平缝、搭接缝或企口缝。当采用平缝时，应采取措施防止漏浆。木模的转角处应加嵌条或做成斜角。

图 4-8 木模板　　　　　　　　　　　图 4-9 竹胶板

2. 钢模板制作

（1）钢模板宜采用标准化的组合钢模板。组合钢模板的拼装应符合现行国家标准《组合钢模板技术规范》GB/T 50214。各种螺栓连接件应符合国家现行有关标准。

（2）钢模板及其配件应按批准的加工图加工，成品经检验合格后方可使用。

（3）钢模板一般由边框、面板、纵横肋及连接件组成。面板钢板板厚不小于 4mm，连接件主要有 U 形卡、钩头螺栓、对拉螺栓和扣件等（图 4-10～图 4-13）。钢模板可多次周转使用，使用时与混凝土接触面应涂隔离剂，轻拆轻放。钢模内表面不允许有裂缝、麻点、起鳞、疤痕和锈蚀等缺陷。

（4）对于大块钢模板组装前应对零部件的几何尺寸进行全面检查，合格后方可进行组装，零部件各种连接形式的焊缝应符合质量标准。面板及整体刚度应符合规定（拼装效果见图 4-14，图 4-15）。

图 4-10　钢模板

图 4-11　U形卡

图 4-12　钩头螺栓

图 4-13　对拉螺栓

图 4-14　组合钢模板（一）

图 4-15　组合钢模板（二）

3. 钢木组合模板制作

钢木组合模板由钢材框架、复塑竹胶合板、纤维板面板组成，与钢模板比，用钢量减少 1/2，自重减少 1/3。钢木组合模板应尽量减少面板拼缝，拼缝应平整，确保较好的平整度，并应该特别加强面板拼缝处的防水处理，拼装效果见图 4-16，图 4-17。

图 4-16　钢框木模板

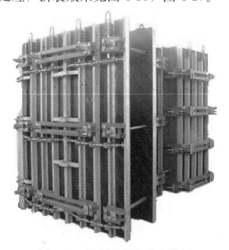
图 4-17　钢框复塑竹胶合模板

4.3.3 制作

1. 根据工程的特点、计划合同工期及现场环境，进行混凝土模板设计，确定模板制作形状，尺寸，龙骨的规格、间距，选用支架系统，绘制混凝土模板设计图。

2. 模板应按批准的加工图进行制作，成品经检验合格后方可使用。木模板加工时板边应通过刨子刨平，用封边漆保护，对拉螺栓位置预先钻孔（图4-18，图4-19）；钢模板组装前应对零部件的几何尺寸和焊缝进行全面检查，合格后进行试拼装（图4-20，图4-21）。

图4-18　模板边刨平

图4-19　对拉螺栓预先钻孔

B3区侧墙模板试拼装(2013年3月5日)

图4-20　模板试拼装（一）

地下空间柱钢模试拼装(2013年6月23日)

图4-21　模板试拼装（二）

3. 模板数量应按模板设计方案结合施工流水段的划分，进行综合考虑，合理确定模板的配置数量。

4. 模板安装前安排专人使用专用工具对模板进行清理后进行工序验收，做到"一磨（用打磨机磨去凸物）、一铲（用铁铲铲去污物）、一擦（用拖布擦洗板面）、一涂（用滚子涂刷脱模剂，脱模剂宜选用建筑结构专用长效脱模剂，严禁使用废机油等油性脱模剂）（图4-22～图4-25）。

图 4-22　模板清洗工具　　图 4-23　打磨机打磨　　图 4-24　模板脱模剂使用　　图 4-25　脱模剂

4.3.4　安装

1. 模板安装由吊机配合人工实施，安装后应采用绷线法进行调直，吊垂球法控制其垂直度。

2. 模板工程应先翻样和放样，应有大样图和节点详图。对所有模板按规格进行编号，标明尺寸和安装位置，并按模板组装图进行安装，严禁直接在作业面加工制作模板（图4-26）。

3. 根据图纸要求，放好轴线和边线，定好水平控制标高。先根据构件尺寸切割一定长度的钢筋或角钢头，点焊在主筋上，并按2排主筋的中心位置分档，以保证钢筋和模板位置的准确（图4-27）。

图 4-26　模板翻样　　　　　　　　　　　图 4-27　模板定位基准

4. 模板阴、阳角等特殊部位应尽可能地使用钢模，如使用木模应对转角部位进行特殊处理（钢模效果见图4-28～图4-31，阴阳角模板见图4-32～图4-34）。

图 4-28　承台钢模　　　图 4-29　墩柱钢模　　　图 4-30　预制梁钢模　　　图 4-31　隧道钢模

5. 木模接缝可采用平缝、搭接缝或企口缝。采用平缝时，应注意防止漏浆，缝隙超过 2mm 应刨边，确保接缝严密平整，平整度要求误差不大于 1mm，模板下口、模板与模板间及模板与结构表面的接缝处必须贴双面胶带或刮灰处理，防止漏浆。木模的转角处，为便于拼装应加嵌条或做成斜角（图 4-35、图 4-36）。

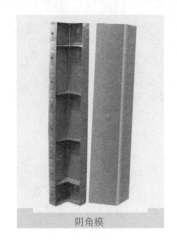

图 4-32 阴角钢模

图 4-33 木模阳角处理

图 4-34 阳角斜拉杆

图 4-35 胶带处理

图 4-36 原子灰处理

6. 预制空心板芯模应采用刚性模板，不宜采用充气胶囊。

7. 使用定型模板的，应根据实际尺寸在车间或现场拼装（图 4-37、图 4-38）。

8. 固定模板的背衬宜选用不小于 50mm×100mm 的方木或不小于 50mm×50mm×3mm 的方钢管，间距不大于 250mm；结构分次浇筑成型时，施工缝部位的模板与已完成结构的搭接长度应不小于 200mm，并与已成型构件的最近一道对穿螺栓进行固定（图 4-39）。

图 4-37　拼装成型的定型内模

图 4-38　拼装成型的定型外模

9. 安装侧模板时，应防止模板移位和凸出。基础侧模可在模板外设立支撑固定，墩、台、梁、墙的侧模可设拉杆固定。浇筑在混凝土中的拉杆，应按拉杆拔出或不拔出的要求，采取相应的措施。对小型结构物，可使用金属线代替拉杆。

10. 为避免墙根接缝处混凝土产生胀模、漏浆等现象，采用夹底螺杆固定模板根部（图 4-40～图 4-43）。

图 4-39　模板背衬

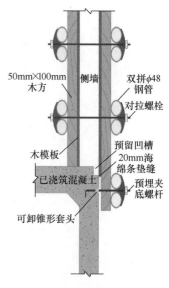

图 4-40　夹底螺栓埋设示意

图 4-41　夹底螺栓埋设示意

图 4-42　夹底螺栓安装使用

图 4-43　夹底螺栓

11. 墩柱构件侧模板底部位置控制（图 4-44～图 4-46）。

(1) 墩柱根部弹相距 5mm 的双线：墙柱边线和混凝土剔凿线。

(2) 墩柱根部切槽，控制侧模板底部位置。

(3) 用水泥钉或膨胀螺丝固定控制板条。

12. 墩柱模板采用钢模进行拼装时，应先在地上拼装成两半，节间夹海绵条，拼装好后，内壁刮腻子抹平（图 4-47）。

图 4-44　墩柱根部切槽（一）

图 4-45　墩柱根部切槽（二）

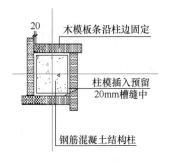
图 4-46　墩柱根部固定

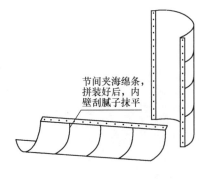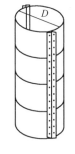

①先在地面拼装成两半　②吊装就位

图 4-47　柱模拼装

13. 模板承垫底部沿模板边线用 1：3 水泥砂浆抹找平层，防止模板底部漏浆，在外墙、外柱部位，安装模板前宜设置模板承垫条带，并校正其平直。

14. 立柱施工时，为确保与承台接合处不漏浆，可采用海绵外包砂浆来进行处理（图 4-48）。

15. 墩柱和墙对拉螺杆孔及采用白铁皮制作的锥形混凝土料槽，采用钢筋头分次捣实进行封堵处理，防止结构渗水。

图 4-48　立柱承台接触面控制

16. 在柱墙根部、梁端部、板面设置清扫口，用强力吹风机与吸尘器清除模板内杂物。（图4-49、图4-50）。

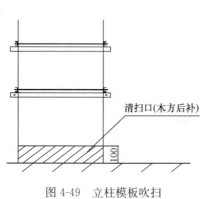

图 4-49　立柱模板吹扫

图 4-50　模板清扫口

17. 柱模安装就位后，立即用四根支撑或有张紧器花篮螺栓的缆风绳与柱顶四角拉结，并校正其中心线和偏斜，全面检查合格后，再群体固定（图4-51、图4-52）。

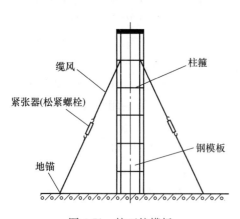

图 4-51　校正柱模板

图 4-52　模板缆风绳固定

18. 隧道侧模宜采用无对拉螺杆支撑体系。模板宜采用厚竹胶板或钢模，侧模支撑体系结合标准断面和非标准断面采用侧墙预埋螺杆和外侧支架支撑两种方式结合进行施工，确保侧墙垂直度及表面平整度。

19. 为防止侧墙浇筑高度大、侧压力大引起的跑模、胀模等问题，隧道敞开段侧墙浇筑宜采用型钢支撑模板体系或型钢三角桁架和预埋件体系；暗埋段宜采用满堂支架体系，侧墙和顶板可采用一次性浇筑的方式。型钢支撑模板体系和满堂支架体系应具有足够的强度、刚度（图4-53～图4-56）。

20. 隧道模也可以使用拼装的全隧道模和半隧道模。全隧道模由两个半隧道模组成，在两个半隧道模之间增加一块插板，可以组合成各种开间需要的宽度（图4-57、图4-58）。

21. 制作成型的钢模板应涂刷模板漆进行保护，防止模板在室外和潮湿条件下锈蚀，影响混凝土外观质量（图4-59、图4-60）。

图 4-53 隧道侧模

图 4-54 满堂支架体系

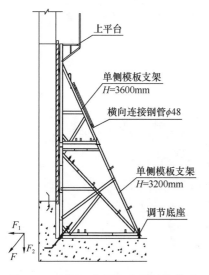

图 4-55 型钢三角桁架和预埋件体系

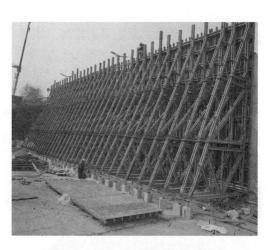

图 4-56 型钢三角桁架和预埋件体系

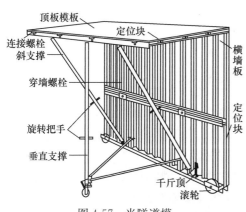

图 4-57 半隧道模

图 4-58 全隧道模

图 4-59　钢模板保养

图 4-60　钢模板安装效果

22. 固定于模板上的预埋件和预留孔洞尺寸、位置必须准确并安装牢靠，防止浇筑混凝土过程中发生移位。

23. 模板安装完毕后，须在平面位置、顶部标高、节点联系及纵向稳定性等检验合格后，方可浇筑混凝土（模板安装过程及安装效果见图 4-61、图 4-62）。

图 4-61　模板安装过程

图 4-62　模板安装效果

4.4　支架

4.4.1　选型

1. 应优先选用钢支架，不得选用木支架。

2. 钢支架可采用型钢、钢管、常备式钢构件等作为支架的材料设备，以常备式钢构件组成的钢排架，其纵、横向距离应根据实际情况进行合理组合，以保证结构的整体性；并应设置足够的斜撑、扣件和缆风绳，以保证排架的稳定。

3. 满布支架可采用门型、碗扣、轮扣和钢管扣件等定型钢管支架产品。对支架应进行强度和稳定性验算，应加强斜向连接与支撑，以保证支架的整体稳定。

4. 模板支架搭设场地必须坚实、平整，排水措施得当。支架地基与基础必须结合搭设场地条件综合考虑支架承担荷载、搭设高度的情况，应满足地基承载力验算的要求，必要时应对支架基础进行预压（图 4-63、图 4-64）。

图 4-63　地基预压图　　　　　　　　　图 4-64　支架坑槽排水

5. 支架立杆底部应设置可调底座，土体可采取压实、铺设块石或浇筑混凝土垫层等加固措施防止不均匀沉陷，也可在立杆底部垫设垫板，垫板的长度不宜少于 2 跨（图 4-65）。

图 4-65　支架基础

6. 支架搭设时应综合考虑施工预拱度和沉落。

7. 应根据结构形式、承受的荷载大小及需要的卸落量，在支架和适当部位设置相应的木楔、木马、砂筒或千斤顶等落模设备，以方便支架的拆卸。

4.4.2　制作和安装

1. 支架宜采用标准化、系列化、通用化的构件拼装。无论使用何种材料的支架，均应进行支架施工图设计，并验算其强度、刚度和稳定性。

2. 支架应稳定、坚固，应能抵抗在施工过程中有可能发生的偶然冲撞和振动。

3. 支架在安装完毕后，应对其平面位置、顶部标高、节点连接及纵、横向稳定性进行全面检查，符合要求后，方可进行下一工序。

4. 对安装完成的支架宜采用等载预压消除支架的非弹性变形，并观测支架顶面的沉落量。

4.4.3 预压

1. 模板支架搭设完成后，应对每一跨支架进行预压，预压材料优先选用预压块。预压荷载应大于混凝土、模板重量及施工荷载之和的 1.1 倍。

2. 支架预压当纵向加载时，宜从混凝土结构跨中对称向两侧进行；当横向加载时，应从结构中心线向两侧进行。

3. 加载过程宜分为 3 级进行，加载荷载依次为预压荷载值的 60%，80%，100%，每级加载完成后，应每隔 12h 对支架沉降量进行一次监测，监测结果符合要求后方可继续加载。

4. 支架 24h 沉降量小于 1mm 或 72h 累计沉降量小于 3mm 后方可对称、均衡、同步卸载。

5. 支架预压验收合格方可进行下道工序施工（支架预压见图 4-66、图 4-67）。

图 4-66　现浇梁模板支撑体系预压（一）　　　图 4-67　现浇梁模板支撑体系预压（二）

4.4.4 拆除

1. 模板拆除应按设计要求的顺序进行，设计无规定时，应遵循先支后拆，后支先拆的顺序，拆除时严禁将模板从高处向下抛扔。

2. 卸落支架应按拟定的卸落程序进行，分几个循环卸完，卸落量开始宜小，以后逐渐增大。在纵向应对称均衡卸落，在横向应同时一起卸落。

3. 模板、支架的拆除期限应根据结构物特点、模板部位和混凝土所达到的强度等级来决定。

1）非承重侧模板应在混凝土强度能保证其表面及棱角不因拆模而受损坏时方可拆除，一般应在混凝土抗压强度达到 2.5MPa 时方可拆除侧模板。

2）芯模和预留孔道内模，应在混凝土强度能保证其表面不发生塌陷和裂缝现象时，方可拆除，拆除时间应通过试验确定，以混凝土强度达到 0.4～0.8MPa 时为宜，拆除时不应损伤结构混凝土。

3）钢筋混凝土结构的承重模板、支架，应在混凝土强度能承受其自重力及其他可能的叠加荷载时，方可拆除，当构件跨度不大于 4m 时，混凝土强度达到设计强度等级的 50％后，方可拆除；当构件跨度大于 4m 时，混凝土强度达到设计强度等级的 75％后，方可拆除。

第5章 钢筋工程

5.1 一般规定

1. 钢筋购入前必须对生产厂家进行评审，进场查验钢筋质保证书、产品合格证及试验报告单，施工、监理单位应复核钢筋标牌上的厂名、炉（批）号与质量证明书是否吻合，并对钢筋外光及直径进行检查（图 5-1）。

图 5-1 检查钢筋直径

2. 钢筋进场后，应按不同钢种、等级、牌号、规格及生产厂家分批验收、分别堆存、不得混堆，并应设立识别标志（图 5-2、图 5-3）。

图 5-2 钢筋标示、标牌（一）

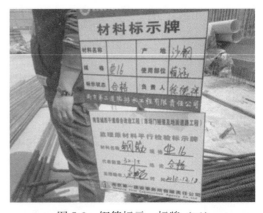

图 5-3 钢筋标示、标牌（二）

3. 钢筋运输、存放应避免锈蚀、污染，堆放在料库（棚），并在料库（棚）的周围挖排水沟，保持库（棚）内地面的干燥（图5-4），防止钢筋锈蚀。库（棚）内钢筋应防止与酸、盐、油等物品存放在一起，以免钢筋污染或腐蚀。

4. 钢筋露天堆放时，宜堆放在地势较高处，要求地面硬化并保持干燥，场地四周设排水沟（图5-5）。钢筋堆放应该下铺上盖，严禁脚踩和长时间日晒雨淋。

图5-4　料棚堆放

图5-5　室外堆放

5. 钢筋外表不得有严重锈蚀、麻坑、裂纹、夹砂和夹层等缺陷。沾有油污的钢筋，应用清洁剂清洗干净。锈蚀的钢筋应在钢筋成形前采用电动除锈机、砂纸擦、钢丝刷刷、化学药剂清洗等方法除锈，成形后，要防止受潮，尽快使用。

6. 钢筋加工场所应设加工棚，棚顶应设两层，上层防砸下层防雨，间隔不小于600mm，棚高便于操作为宜（图5-6、图5-7）。

图5-6　钢筋加工棚（一）

图5-7　钢筋加工棚（二）

5.2　加工

5.2.1　机具设备

钢筋工程涉及的设备主要有钢筋调直机、钢筋弯曲机、钢筋切断机、钢筋套丝机等工具（图5-8～图5-11）。

图 5-8　钢筋调直机　　　图 5-9　钢筋弯曲机　　　图 5-10　钢筋切断机　　　图 5-11　钢筋套丝机

5.2.2　制作

1. 钢筋在弯制前应调直。盘条可用冷拉法，数量不大的粗钢筋可在木墩上锤击矫直，但不要击伤钢筋；数量较大的粗钢筋，要设工作台，钢筋调直到可在工作台上来回滚动时为合格。钢筋常用的调直方法是使用卷扬机拉直、冷拉调直、冷拔调直（图 5-12、图 5-13）。

图 5-12　卷扬机拉直钢筋

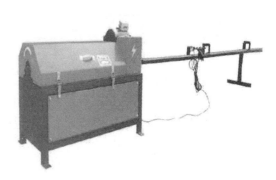

图 5-13　钢筋调直机示意

2. 钢筋调直采用冷拉方法时，常温下 HPB300 级钢筋的冷拉率不宜大于 4%，HRB335、HRB400、RRB400 级钢筋的冷拉率不宜大于 1%。拉伸时，要明确标出张拉前、张拉后的钢筋位置及长度，严禁超拉。调直后的钢筋应以设计图样和库存材料规格为依据填写配料单，交钢筋工配料，设计钢筋切断、弯曲和连接（图 5-14）。

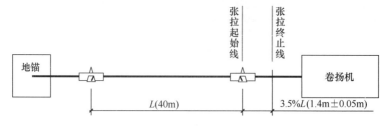

图 5-14　钢筋冷拉示意图

3. 钢筋切断配料时，应以钢筋配料单提供数据为依据，在工作台上做出明显的标识，确保下料长度的准确。

4. 钢筋断料采用切断机进行，先断长料，后断短料，断料时将钢筋握紧送入刀口，手距刀片保持 150mm 以上，切短钢筋时要用钳子夹住送料。

5. 用于机械连接的钢筋应采用无齿锯锯断，保证端头平直，直径无椭圆，顶端切口无有碍于套丝质量的斜口、马蹄口或扁头（图 5-15）。用于对焊、电渣压力焊焊接接头的钢筋，应将钢筋端头的热轧弯头或劈裂头切除。

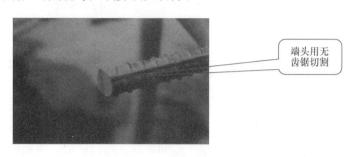

端头用无齿锯切割

图 5-15　钢筋端头切割效果

6. 钢筋的弯曲用弯曲机或人工弯制成型，弯制前要先画线，确保末端弯钩符合设计要求。弯制钢筋宜从中部开始，逐步弯向两端一次弯成。弯曲钢筋时，先反复修正至完全符合设计尺寸和形状，作为样板（筋）使用，然后进行加工生产。

5.2.3　连接

1. 直径在 25mm 以下的受压钢筋可采用绑扎搭接。受拉状态下的钢筋，均应采用焊接或机械连接，各类钢筋接头见图 5-16～图 5-18。

图 5-16　焊接接头　　　　　图 5-17　绑扎接头　　　　　图 5-18　机械连接接头

2. 受力钢筋接头应设置在受力较小处，并错开布置。对焊接接头和机械连接接头，在接头长度区段内，同一根钢筋不得有两个接头；对绑扎接头，两接头间的距离应不小于 1.3 倍搭接长度。配置在接头长度区域内的受力钢筋，其接头截面面积占总截面面积百分率应符合规范要求。

3. 绑扎接头

（1）当无焊接条件时，直径小于等于 22 的钢筋，可采用绑扎连接。

（2）绑扎接头的末端距钢筋弯折处的距离，不应小于钢筋直径的 10 倍，接头不宜位于构件的最大弯矩处。

（3）受拉钢筋绑扎接头的搭接长度应符合规定，受压钢筋绑扎接头的搭接长度应取受拉钢筋绑扎接头搭接长度的 0.7 倍。受拉钢筋绑扎接头的搭接长度见表 5-1。

受拉钢筋绑扎接头的搭接长度　　　　　　　　　　表 5-1

钢筋牌号	混凝土强度等级		
	C20	C25	>C25
HPB235	35d	30d	25d
HRB335	45d	40d	35d
HRB400	—	50d	45d

4. 焊接接头

(1) 钢筋的焊接接头宜用闪光对焊或电弧焊。钢筋焊接的接头形式、焊接方法和焊接材料应符合现行《钢筋焊接及验收规程》JGJ 18 的规定。

(2) 每批钢筋焊接前，应先选定焊接工艺和参数，进行试焊，并检验接头外观质量及规定的力学性能，试焊质量经检验合格后方可正式施焊。焊接时焊接场地应有防风、雨、雪、严寒的设施。

(3) 电弧焊宜采用双面焊。采用搭接电弧焊时，两钢筋搭接端部应先折向一侧，两接合钢筋的轴线应保持一致；采用绑条电弧焊时，绑条应采用与主筋相同的钢筋，其总截面面积不应小于被焊接钢筋的截面面积。电弧焊接头的焊缝长度，对双面焊不应小于 5d（d 为钢筋直径），单面焊不应小于 10d。电弧焊接与钢筋弯曲处的距离不应小于 10d，且不宜位于构件的最大弯矩处。

5. 机械连接

(1) 钢筋机械连接应符合《钢筋机械连接技术规程》JGJ 10 的要求。

(2) 混凝土结构中要求充分发挥钢筋强度或对延性要求高的部位，应优先选用Ⅱ级接头。当在同一连接区段内必须实施 100％钢筋接头的连接时，应采用Ⅰ级接头。

(3) 钢筋连接件的混凝土保护层厚度宜符合现行国家标准《混凝土结构设计规范》GB 50010 中受力钢筋的混凝土保护层最小厚度的规定，且不得少于 15mm。连接件之间的横向净距不宜小于 25mm。

(4) 结构构件中纵向受力钢筋的接头宜相互错开，钢筋机械连接的连接区段长度应按 35d 计算（d 为被连接钢筋中较大钢筋的直径）。

(5) 接头宜设置在结构构件受拉钢筋应力较小部位，当需要在高应力部位设置接头时，在同一连接区段内Ⅲ级接头的接头百分率不应大于 25％；Ⅱ级接头的接头百分率不应大于 50％；接头宜避开有抗震设防要求的框架的梁端、柱端箍筋加密区；当无法避开时，应采用Ⅱ级接头或Ⅰ级接头，且接头百分率不应大于 50％；受拉钢筋应力较小部位或纵向受压钢筋，接头百分率可不受限制；对直接承受动力荷载的结构构件，接头百分率不应大于 50％。

(6) 机械连接的钢筋要求无污染、肋纹无损，丝扣合格（卡规、牙规检查）、洁净、无锈，套保护帽。

(7) 锥螺纹连接需用力矩扳手拧紧至出声；外露少于一个完整丝扣（图 5-19、图 5-20）。

图 5-19 钢筋套丝

图 5-20 丝扣检查

（8）钢筋连接时，先将套筒旋入钢筋一端，并将另一根被连钢筋的一端旋入套筒；用专用钢筋扳手拧紧，并检查钢筋端部旋入套筒的螺牙量（钢筋机械连接过程见图 5-21～图 5-23）。

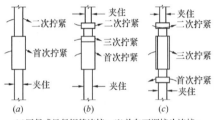

(a)同径或异径钢筋连接；(b)单向可调接头连接；
(c)双向可调接头连接；
注：连接水平钢筋时，必须把钢筋托平，再按以上方法连接。

图 5-21 机械连接操作示意图

图 5-22 机械连接操作图（一）　图 5-23 机械连接操作图（二）

6. 钢筋成型后应详细检查尺寸和形状，并注意有无裂纹。同一类型钢筋应存放在一起，一种型式弯完后，应捆绑好，并挂上编号标签，写明钢筋规格尺寸，用于机械连接的钢筋螺口部位还应加盖保护（图 5-24～图 5-27）。

图 5-24 成型钢筋堆放（一）

图 5-25 成型钢筋堆放（二）

图 5-26　钢筋编号堆放（一）

图 5-27　钢筋编号堆放（二）

5.3　安装

5.3.1　一般要求

1. 预制构件的吊环，必须采用未经冷拉的Ⅰ级热轧光圆钢筋制作。

2. 钢筋原材应按照施工图设计文件与相关操作规程进行翻样，编写下料单、绘制大样图，先反复修正至完全符合设计的尺寸和形状，作为样板（筋）使用，然后进行正式加工生产（图 5-28）。

图 5-28　钢筋位置划线

3. 钢筋代换不得低于设计，遵循规范要求并征得设计同意。

4. 桩基钢筋笼加工安装

（1）钢筋笼制作应规范化、标准化，宜采用自动滚焊机加工，保证钢筋笼笼径、主筋、箍筋间距和焊接质量满足设计及规范要求，现场不具备滚焊条件的，应在支架上进行钢筋的焊接作业（图 5-29、图 5-30）。

图 5-29　自动滚焊机　　　　　　　　　　图 5-30　现场钢筋安装支架

（2）钢筋笼连接应优先选用直螺纹套筒连接，采用焊接时焊接部位应预先弯折（图 5-31、图 5-32）。

图 5-31　钢筋笼焊接部位弯折　　　　　　　图 5-32　钢筋笼机械连接

（3）存放钢筋笼的场地应进行混凝土硬化，成品钢筋笼应堆放规范，防止锈蚀、变形和污染。

（4）钢筋笼加工完成后需进行标识及验收，对暂时不用的钢筋笼进行覆盖（图 5-33、图 5-34）。

图 5-33　钢筋笼标识　　　　　　　　　　图 5-34　钢筋笼覆盖

5. 钢筋焊接接头应检查接头外观质量，接头弯折角度（不大于 4°或 7/100）和轴线偏移。钢筋接头应距离拐点≥10d，不得位于构件的最大弯矩处。焊接接头的受力钢筋截面面积占钢筋总面积受拉区不宜超过 50%（图 5-35）。

6. 直螺纹接头要检查丝扣的露扣情况，不允许有完整丝扣外露，对出现的完整丝扣外露应采取补焊的措施予以加强，直螺纹还应用扭矩扳手检查并用红漆作合格标记（图 5-36）。套筒挤压连接要检查压痕、弯折、裂缝、横向净距的情况，此外还要检查接头错开的情况（图 5-37），只有所有接头验收通过后，才可以开始绑扎。

图 5-35　焊接接头错开　　　　　　　　图 5-36　红漆作合格标记

7. 直螺纹机械连接时，要在钢筋连接端画出明显定位标记，按标记来检查钢筋插入套筒内的深度，钢筋端头距离套筒中点的长度不宜超过 10mm。

8. 受力主筋端部外露丝扣部位应加盖防止污染（图 5-38）。

图 5-37　机械连接接头错开　　　　　　图 5-38　钢筋加盖保护

5.3.2　保护层

钢筋在安装中要控制保护层厚度，垫块的强度不低于设计混凝土强度，垫块应互相错开，分散布置，不得横贯保护层的全部截面；非焊接钢筋骨架的多层钢筋之间可用短钢筋支垫（各部位保护层控制见图 5-39～图 5-41）。

5.3.3　定位

1. 墙体钢筋定位措施

图 5-39 现浇板专用垫块

图 5-40 柱、墙保护层控制(一)

图 5-41 柱、墙保护层控制(二)

（1）为控制墙体钢筋截面及钢筋保护层厚度，制作双 F 卡，确保长度为墙厚－2mm，卡角宽度为水平筋直径＋2mm，卡角长度为水平钢筋保护层厚度－1mm（图 5-42、图 5-43）。卡子两端用无齿锯切割，并刷防锈漆，防锈漆应由端头往里刷 1cm。双 F 卡长度应包括保温板厚度。设双 F 卡处可不设垫块（图 5-44、图 5-45）。

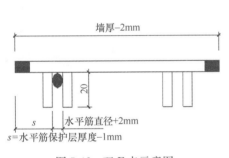

图 5-42 双 F 卡示意图

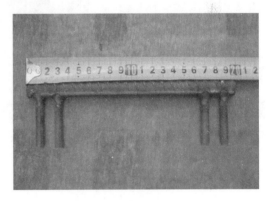

图 5-43 双 F 卡尺寸

图 5-44 F 卡定位措施（一）

图 5-45 F 卡定位措施（二）

（2）隧道侧墙等墙体可采用定位卡筋定位，纵向采用 φ12 的钢筋，横向采用 φ8 的钢筋进行焊接，其间距根据实际设计钢筋的间距和几何尺寸确定。墙体钢筋安装时，在墙高度 1.5m 的位置固定定位卡筋，首先在端头绑扎定位竖向钢筋，然后将卡筋固定在定位钢筋上，按卡筋的间距和位置绑扎竖向钢筋。

形式一如图 5-46～图 5-49 所示。

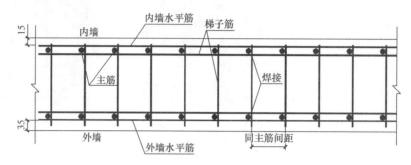

图 5-46 钢筋定位示意图（形式一）

  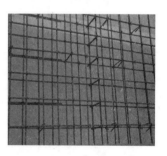

图 5-47 制作完的定位卡筋　　图 5-48 墙体纵向筋定位　　图 5-49 墙体水平筋定位

形式二如图 5-50、图 5-51 所示。

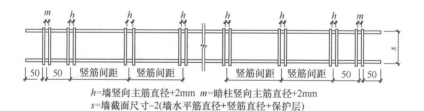

h=墙竖向主筋直径+2mm　m=暗柱竖向主筋直径+2mm
s=墙截面尺寸-2(墙水平筋直径+竖筋直径+保护层)

图 5-50 钢筋定位示意图（形式二）

2. 梁、柱钢筋定位措施

（1）梁柱主筋宜采用定位卡筋控制主筋位置，竖向钢筋较长时上端应有限位措施。桥梁墩柱等竖向构件定位卡筋四边采用 4 根 φ12 以上的钢筋，主筋位置控制限位采用 φ8 的钢筋进行焊接，其间距根据实际设计钢筋的间距和几何尺寸确定。横向主筋可采用预制的卡箍固定（图 5-52、图 5-53）。

（2）制作定位卡筋的钢筋应比柱筋大一规格，卡角长为柱筋直径＋20mm，宽度应为柱宽－2×钢筋保护层－2×柱筋直径（图 5-54～图 5-56）。

图 5-51　墙体定位卡筋

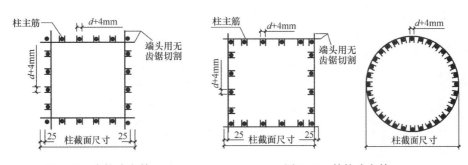

图 5-52　内控式卡筋　　　　　　　　　　图 5-53　外控式卡筋

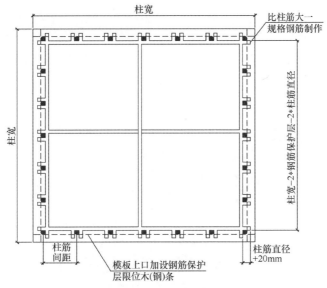

图 5-54　定位卡筋细部尺寸

图 5-55　内控式卡筋实例

图 5-56　外控式卡筋实例

3. 其他部位定位措施

（1）隧道侧墙、桥梁墩柱等水平钢筋与竖向构件钢筋交叉处应加设防止竖向钢筋位移的固定筋，并点焊牢固（图 5-57、图 5-58）。

（2）预制梁板等构件的钢筋安装前可根据构件形状、尺寸预先制订钢筋安装操作台，操作台应有相应的定位措施（图 5-59）。

图 5-57　竖向钢筋根部固定（一）

图 5-58　竖向钢筋根部固定（二）

图 5-59　预制梁板钢筋定位

5.3.4 间距控制

1. 柱箍筋、墙水平筋等水平钢筋，应按设计间距用油漆分色全部标划在皮数杆上，柱箍筋或墙水平筋绑扎时将皮数杆立在构件的对角处，绑扎箍筋和水平筋时按皮数杆进行绑扎；墙设置钢筋定位卡筋，控制水平钢筋的位置和间距（皮数杆控制钢筋间距如图5-60、图5-61所示）。

图 5-60　皮数杆水平筋间距控制（一）

图 5-61　皮数杆水平筋间距控制（二）

2. 现浇板的底层水平钢筋，先在模板上每隔五根钢筋弹一道或画一道钢筋位置线，以控制水平钢筋间距；现浇板上层钢筋间距宜采用皮数杆控制（图5-62、图5-63）。

图 5-62　水平筋位置弹控制线

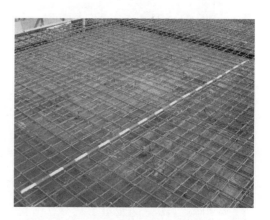
图 5-63　皮数杆钢筋间距控制

3. 上下层钢筋应设置马凳控制钢筋间距，双层钢筋网之间应采用钢筋支架或定型专用支撑，钢筋支架对应安装在垫块上方，可选用"Z"字型、三角形和"十字"等形式的支撑（图5-64～图5-66）。

图 5-64　"Z"字型的马凳

图 5-65　三角形专用钢筋支撑

图 5-66　"十字"支撑

5.4　成品保护

1. 墙、柱竖筋在浇筑混凝土前套好塑料管保护或用彩布条、塑料条包裹严密，并且在混凝土浇筑时，及时用布或棉丝沾水将被污染的钢筋擦净（图 5-67、图 5-68）。

图 5-67　钢筋成品保护（一）

图 5-68　钢筋成品保护（二）

2. 用沾水的布、棉丝或钢丝刷将被污染的钢筋擦净（图 5-69、图 5-70）。

图 5-69　钢筋成品保护（三）

图 5-70　钢筋成品保护（四）

3. 板面混凝土浇筑前，搭设操作马道，严禁控制负弯矩筋被踩下（图5-71、图5-72）。

图5-71　搭设操作马道（一）

图5-72　搭设操作马道（二）

第6章 混凝土工程

6.1 一般规定

1. 预拌混凝土的材料质量及配比应符合设计及相关要求。砂、石、水泥等材料应有试验报告，且应为同一厂（矿）、同品种、同强度等级、同级配，保证混凝土外观质量。

2. 混凝土外加剂应具有产品说明书、检验报告、合格证、有害物含量检测报告等，选用外加剂不宜超过两个品种。掺用两种外加剂时，应优先选用同一厂家生产的。

3. 混凝土生产过程中，应优先采用计算机自动控制以保证计量精度，合理确定搅拌时间。新配合比或特殊配合比必须开盘鉴定，对混凝土用水量、和易性、坍落度以及强度等进行验证。

6.2 混凝土运输

1. 混凝土运输距离必须经过计算，尽量减少运输时间、减少转运次数，因故运输时间过长导致混凝土初凝的，应作废料处理。任何情况下，严禁向运输车中的混凝土加水。

2. 夏季混凝土罐车应加以遮盖，以防风雨、进水或水分蒸发，防止拌合物分离，降低坍落度。冬季应采取有效的保温措施，保证混凝土出罐温度不小于10℃，入模温度不小于10℃（图6-1）。

图 6-1 罐车保温

3. 运输过程中，应保持混凝土的均匀性，若发生离析、严重泌水或坍落度不符合要求，应进行二次拌合，二次拌合时不得任意加水，确有需要时，可同时加水和水泥以保持水灰比不变。若二次搅拌后，仍不满足要求的，则不得使用。

4. 混凝土应随拌随用，尽量缩短运输时间，混凝土从加水搅拌至入模的延续时间应符合表 6-1 的要求。

混凝土从加水搅拌至入模的延续时间 表 6-1

气温（℃）	无搅拌设施运输（min）	有搅拌设施运输（min）
20～30	30	60
10～19	45	75
5～9	60	90

注：掺用外加剂或采用快硬水泥时，运输允许持续时间应根据试验确定。

6.3 混凝土浇筑

6.3.1 一般要求

1. 混凝土的坍落度，应在搅拌地点和浇筑地点分别取样检测，每一工作班或每一单元结构不应少于两次。当坍落度损失后不能满足施工要求时，应加入原水胶比的水泥浆或掺加同品种的减水剂进行搅拌，严禁直接加水（现场坍落度试验如图 6-2、图 6-3 所示）。

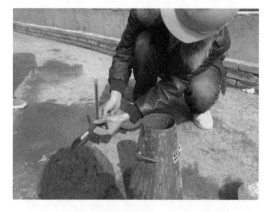

图 6-2 施工单位混凝土坍落度检测　　　　图 6-3 监理单位混凝土坍落度平行检验

2. 混凝土浇筑前，应根据设计图样和梳理出来的设备清单，认真对钢筋、支架模板、预埋件和观测设备等进行检查，并留下检查记录。当发现有变形、移位时，应立即停止浇筑，并应在已浇筑的混凝土凝结前修整完好。符合设计要求后方可浇筑。

3. 混凝土浇筑过程中，应保证混凝土不产生离析及浇筑中断，并使混凝土充分振捣。

4. 混凝土应依照次序逐层连续浇筑，不得任意中断，如因故必须间断时，其间歇时间应小于前层混凝土的初凝时间。混凝土允许时间（混凝土运输、浇筑及间歇的全部时间）应符合表 6-2 要求。若浇筑混凝土时，已经超过间歇允许时间，则必须留施工缝。

混凝土运输、浇筑及间歇的全部允许时间 表 6-2

混凝土强度等级	气温不高于 25℃（min）	气温高于 25℃（min）
≤C30	210	180
>C30	180	150

注：当掺有促凝或缓凝剂时，应根据试验确定。

5. 浇筑竖向结构混凝土前，底部应先填 50～100mm 厚与混凝土成分相同的水泥砂浆。混凝土的水灰比和坍落度，应随浇筑高度的上升，酌予递减。

6. 在浇筑与柱和墙连成整体的梁和板时，应在柱和墙浇筑完毕后停歇 1～1.5h，使混凝土获得初步沉实后，再继续浇筑，以防止接缝处出现裂缝。

7. 梁和板应同时浇筑混凝土。较大尺寸的梁（梁的高度大于 1m）、拱和类似的结构，可单独浇筑，但施工缝的设置应符合有关规定。

8. 现浇板混凝土表面标高控制：每 2m 用短钢筋焊水平标高控制点，并做好混凝土面标高控制标识（图 6-4）。

图 6-4　混凝土标高控制标

图 6-5　板厚度控制点

9. 混凝土振捣密实后，立即用 1.5～3.0m 长的铝合金刮尺刮去表面浮浆，用木抹抹平。初凝后用圆盘式抹光机进行二次抹压，修复表面缺陷并封闭泌水通道，提高表面密实度，减少收缩裂缝（图 6-6、图 6-7）。

图 6-6　圆盘式抹光机

图 6-7　收浆、打平处理

10. 混凝土浇筑完毕拆模后，在施工单位自检合格的基础上应报监理单位验收，验收合格后现场留下验收牌，验收牌应明确验收时间、部位、人员及验收结果（图 6-8）。

6.3.2　施工缝

1. 施工缝的位置应在混凝土浇筑前确定，宜留置在结构承受剪力和弯矩较小且便于

图 6-8　检验批验收标识实例

施工的部位。

2. 施工缝处应凿除混凝土表面的水泥砂浆和松弱层，采用水枪冲凿毛时，须达到 0.5MPa，采用人工凿除时，须达到 2.5MPa，采用风动机凿除时，须达到 10MPa（凿毛处理效果见图 6-9～图 6-14）。

3. 经凿毛处理的混凝土面，应用水冲洗干净，在浇筑次层混凝土前，对垂直施工缝应刷一层水泥净浆，对水平施工缝宜铺一层厚度为 10～20mm 的同配比水泥砂浆。

4. 重要部位及有防震要求的混凝土结构或钢筋稀疏的钢筋混凝土结构，应在施工缝处补插锚固钢筋。

图 6-9　施工缝凿毛（一）

图 6-10　施工缝凿毛（二）

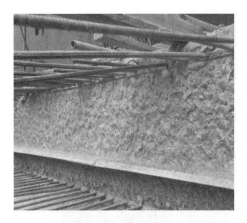
图 6-11 施工缝凿毛（三）

图 6-12 施工缝凿毛（四）

图 6-13 墩底凿毛

图 6-14 墩顶凿毛

5. 施工缝为斜面时应做成或凿成台阶状。

6. 施工缝处理后，须待处理层混凝土达到一定强度后才能继续浇筑混凝土。须达到的强度一般最低 1.2MPa，当结构物为钢筋混凝土时，不得低于 2.5MPa。

7. 为保证水平施工接缝外观质量，在施工缝部位在模板上沿钉通长木条留设 20mm×10mm 通长槽口，上部支模时模板下送 30cm 支模及固定限位（图 6-15～图 6-18）。

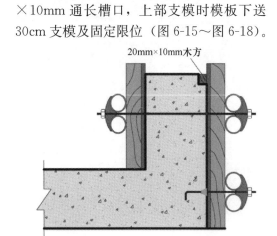
图 6-15 浇筑下部混凝土预留凹槽

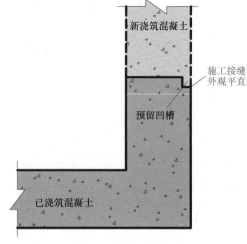
图 6-16 浇筑上部混凝土

图 6-17　混凝土预留凹槽（一）

图 6-18　混凝土预留凹槽（二）

6.3.3 浇筑施工

1. 制作水平、竖向标尺杆控制混凝土分层浇筑厚度和振捣棒移动间距，分层浇筑厚度满足规范要求（图 6-19）。

图 6-19　水平、竖向标尺控制厚度、间距

2. 混凝土按一定厚度、顺序和方向分层浇筑时，应在下层混凝土初凝或能重塑前浇筑完上层混凝土。每层混凝土浇筑厚度应根据搅拌机的拌合能力、运输距离、浇筑速度、浇筑气温和振捣能力确定（混凝土分层浇筑厚度见表 6-3）。

表 6-3

混凝土分层浇筑厚度

振捣方法		浇筑层厚度（mm）
插入式振捣器		300
附着式振捣器		300
用表面振捣器	无筋或配筋稀疏时	250
	配筋较密时	150
人工振捣器	无筋或配筋稀疏时	200
	配筋较密时	150

3. 梁体既高又长，混凝土的供应量不能满足水平分层浇筑的进度时，可采用斜层浇筑，一般从梁的一端向另一端浇筑。倾斜角一般可用 20°～25°（图 6-20、图 6-21）。

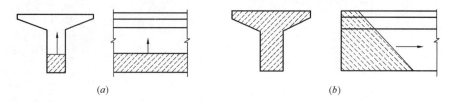

图 6-20 分层浇筑示意图

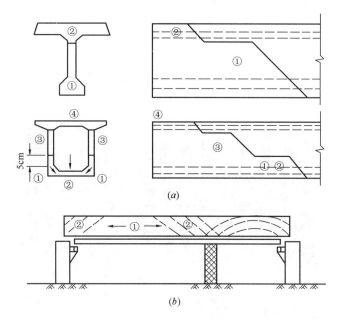

图 6-21 简支梁桥在支架上的浇筑顺序

4. 对浇筑量较大的预应力箱梁，为防止两次浇筑混凝土收缩不一致，造成预应力张拉时弹性模量的差异产生裂缝，箱梁混凝土宜采取整断面一次性浇筑。混凝土需根据浇筑完成时间添加缓凝剂，初凝时间应控制在大于一跨混凝土完全浇筑所需时间（图 6-22）。采用一次性浇筑工艺应满足以下要求：

（1）混凝土投料时采取倾斜分层的方式，分层厚度宜为 30cm，倾斜面控制在 1：4 左右。浇筑时首先在边跨跨中腹板中投料，腹板内混凝土高度到顶板底面时，将底板混凝土补足，最后浇筑顶板及翼缘板。

（2）沿箱梁纵向应采用分段浇筑的方式，顺序是先浇筑边跨跨中混凝土，从跨中往两边进行浇筑，先避开墩顶处混凝土不浇筑，待相邻跨混凝土浇筑完毕后再浇筑墩顶混凝土，逐跨推进，完成一联混凝土浇筑工作。

5. 为防止混凝土离析，浇筑应由低处向高处逐层进行，减少混凝土流动产生离析；混凝土自由倾落高度不应超过 2m，否则应沿串筒或溜槽等减速装置下落。浇筑竖向构件时，若浇筑高度超过 3m 应采用串筒、溜槽或振动溜管下落（图 6-23～图 6-25）。

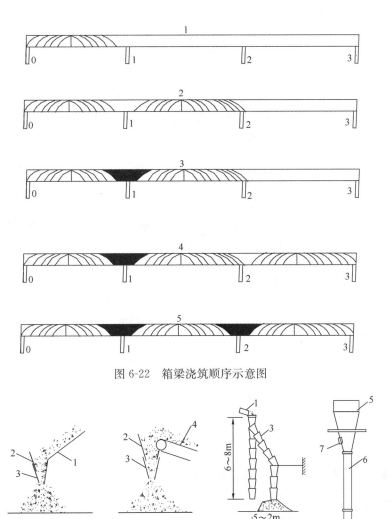

图 6-22 箱梁浇筑顺序示意图

图 6-23 串筒、溜槽浇筑示意图

1—溜槽；2—挡板；3—串筒；4—导管；5—漏斗；6—节管；7—振动器

图 6-24 串筒下落浇筑混凝土

图 6-25 溜槽浇筑混凝土

6. 浇筑较密或不便浇筑的混凝土结构时，混凝土拌合物的自由倾落高度不应超过0.3m，以免因与钢筋碰撞而导致石子与砂浆分离。

6.3.4 混凝土的振捣

1. 混凝土振捣必须专人负责，振捣要均匀充分，以表面呈水平不再显著下沉、不再出现气泡泛出灰浆为宜，不得过振。插入式振捣约为15～30s，附着式振捣约为20～40s，平板式振捣约为20～40s（振动机械图6-26）。

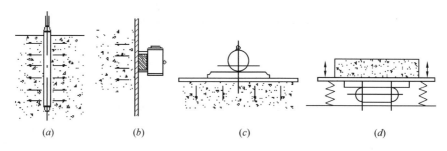

图 6-26 振动机械

(a) 内部振动器；(b) 外部振动器；(c) 表面振动器；(d) 振动台

2. 插入式振捣器混凝土的分层厚度不应大于捣棒头的0.8倍。操作时，振捣棒要垂直，不可触及钢筋与模板，插点要均匀以免漏振。一般间距不要超过振动棒有效作用半径的1.5倍；插点可按行列式或交错式布置，其中交错式的重叠搭接较好，比较合理。振捣过程中应避免碰撞钢筋、模板、预埋件等。振动棒应在下层混凝土初凝前插入不小于50mm，以消除层间接缝（图6-27、图6-28）。

图 6-27 插入式振捣器

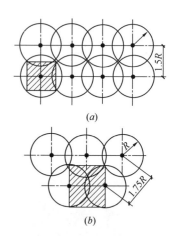

图 6-28 振捣点的布设

3. 附着式振捣器适用于薄壁构件。安装时，振捣器振动轴的旋转面不能与水平面平行。其垂直方向的布置与构件厚度有关，构件厚度小于0.15m时，可两面交错排列；大于0.15m时，应两面相对排列，布置间距不应大于它的作用半径（图6-29、图6-30）。

4. 平板式振捣混凝土分层厚度不宜大于20cm，适用于大面积混凝土的表面振捣。操作时，振捣器顺序逐排振捣前进，并按振动轴转动的方向施行，每次振捣有效面积应与已振捣部分重叠（图6-31、图6-32）。

图 6-29　附着式振捣器

图 6-30　附着式振捣

图 6-31　平板式振捣器

图 6-32　振动台

　　5.试块留置及养护应符合要求。在现场设置标准养护室，配空调、水池、喷水管、温湿度计等设施。试块在现场标准养护室初步养护后，及时送检测机构标养。同条件试块脱模后应装在钢筋焊接笼中，放在相应的位置养护。试块标识清晰规范，标识应明确试块代表的部位（图 6-33、图 6-34）。

图 6-33　试块标养

图 6-34　试块同养

6. 施工过程严格检查混凝土配合比、坍落度以及标养和同养试块的留置；达到龄期后及时检测混凝土强度、碳化深度、钢筋保护层厚度。

6.4 养护

1. 混凝土养护应编制专项方案，设专人负责，定时查看、定时保养。水平构件宜采用薄膜等覆盖，竖向墙板、柱等混凝土构件，宜采用薄膜包裹或喷涂混凝土养护液等方法进行保湿养护（图6-35～图6-38）。混凝土浇捣完成12h内应及时进行养护，保湿14d以上，养护期间，应设置养护标识牌（图6-39、图6-40）。

图 6-35　墩柱养护

图 6-36　梁板养护

图 6-37　侧墙养护

图 6-38　蒸汽养护

2. 混凝土浇筑强度达到1.2MPa后，才能上人和安装钢管支架及模板，混凝土强度达到2.5MPa后，方可承受小型施工机械荷载。如施工确有需要上人时，必须在混凝土表面铺跳板或胶合板增大受力面积，防止混凝土被踩坏。

3. 墙、柱等构件模板拆除后，要及时使用角钢保护阳角，高度不得低于2m，防止墙、柱体棱角被碰坏（图6-41）。

图 6-39　混凝土养护标识（一）

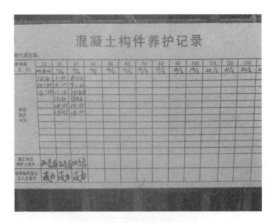

图 6-40　混凝土养护标识（二）

图 6-41　成品混凝土阳角保护

4. 模板拆除后，混凝土的表面温度与环境温度之差大于 20℃时，应采用保温材料覆盖养护（图 6-42）。

图 6-42　混凝土保温

6.5 大体积混凝土施工

1. 混凝土结构物实体最小几何尺寸大于等于1m的大体量混凝土，或预计会因混凝土中胶凝材料水化引起的温度变化和收缩而导致有害裂缝产生的混凝土，称之为大体积混凝土。大体积混凝土早期3～4d中心温度可达50～60℃，内表温差超过25℃，容易开裂（大体积混凝土温差示意图见图6-43）。

2. 为减小大体积混凝土内外温差，控制裂缝，应优化配合比，宜采用低水化热水泥，并掺加粉煤灰、高效减水剂降低水化热，搅拌时用冷水或加冰，骨料预冷、掺用毛石等方式降低混凝土入仓温度（掺用毛石见图6-44）。

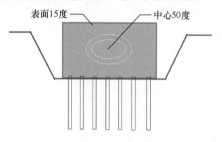

图 6-43　大体积混凝土温差示意图

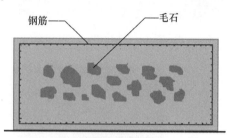

图 6-44　大体积混凝土加毛石

3. 大体积混凝土应在混凝土中埋设环形循环水冷却管，浇筑时应分层、分段进行，保证混凝土内表温差不大于25℃（图6-45、图6-46）。

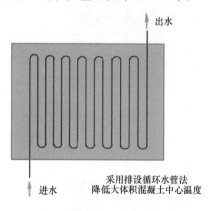

图 6-45　埋设环形循环水冷却管（一）

图 6-46　埋设环形循环水冷却管（二）

4. 大体积混凝土应按实际情况分层浇筑，可分为全面分层、分段分层、斜面分层三种方式。

（1）平面尺寸不大的构件可采用全面分层浇筑（图6-47）。

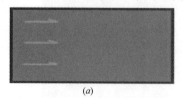

(a)

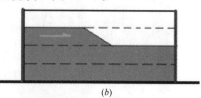

(b)

图 6-47　全面分层浇筑

（a）基础平面；（b）基础剖面图

（2）长度方向尺寸较大的结构可采用分段分层浇筑（图6-48）。

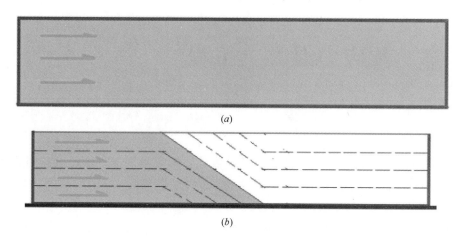

图 6-48　分段分层浇筑
（*a*）基础平面图；（*b*）基础剖面图

（3）平面尺寸较大、浇筑总量较大的结构可采用斜面浇筑（图6-49）。

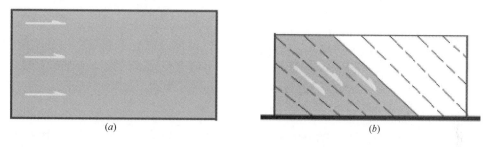

图 6-49　斜面浇筑
（*a*）基础平面图；（*b*）基础剖面图

6.6　冬期和高温季节施工

1. 混凝土冬期低温施工，重点是采取措施防止混凝土早期受冻。必须严格控制水灰比，掺加适量引气剂和抗冻剂，还可采取骨料和水采取预加热，保证拌合物出机温度不低于10℃，入模温度不低于10℃。浇筑后的混凝土应包裹棉布等保温材料蓄热，防止表面温度过低，蓄热法不能满足要求时，可加热养护。严格控制拆模时机，拆模时混凝土强度应大于允许受冻临界强度，拆模后表面温降大于10℃时，应立即采取保护措施。

2. 混凝土夏季高温季节施工，应采用低水化热水泥并掺加外加剂，用冷水搅拌生产。浇筑前充分湿润模板防止过多吸收水分，浇筑时应减少分层厚度，浇筑后用薄膜覆盖，防止暴晒引起表面急速干燥产生裂缝。昼夜温差过大的地区，夜间低温时还应采取保温措施。

第7章　预应力混凝土工程

7.1　一般规定

1. 预应力混凝土结构中采用的钢丝、钢绞线、螺纹钢筋等，应符合现行国家标准《预应力混凝土用钢丝》GB/T 5223、《预应力混凝土用钢绞线》GB/T 5224、《预应力混凝土用螺纹钢筋》GB/T 20065 等的规定。

2. 钢绞线下料，应按设计孔道长度加张拉设备长度，并预留锚外不少于100mm的总长度下料，下料应用砂轮机平放切割。切断后平放在地面上，采取措施防止钢绞线散头。钢绞线切割完后须按各束理顺，并间隔1.5m用钢丝捆扎编束。同一束钢绞线应顺畅不扭结。同一孔道穿束应整束整穿。

3. 预应力筋锚具、夹具、连接器应符合现行行业标准《预应力筋用锚具、夹具和连接器应用技术规程》JGJ 85 的规定。

4. 预应力管道采用金属螺旋管应符合国家现行标准《预应力混凝土用金属波纹管》JG 225 的规定。在1kN径向力作用下不变形，使用前进行灌水试验，检查有无渗漏，防止水泥浆流入管内堵塞孔道；安装就位过程中避免反复弯曲，以防管壁开裂（塑料波纹管、金属波纹管实物见图 7-1、图 7-2）。

图 7-1　塑料波纹管　　　　　　　　　图 7-2　金属波纹管

5. 预应力筋必须保持清洁，在存放及搬运过程中避免机械损伤及锈蚀，在仓库保管时，应确保仓库干燥、防潮、通风良好、无腐蚀气体和介质；在室外存放时，不得直接堆放在地面上，采取垫以枕木并用苫布覆盖等有效措施，防止雨露和各种腐蚀性气体、介质的侵蚀。

6. 张拉千斤顶、压力表必须经过校验后方可使用，且应配套校验、配套使用。

7.2 先张法

先张法是为了提高钢筋混凝土构件的抗裂性能以及避免钢筋混凝土构件过早出现裂缝，而在混凝土构件预制过程中对其预先施加应力以提高构件性能的一种方法。通常在浇灌混凝土之前张拉钢筋的制作方法也称为先张法，它在工程建设中起着重要作用。

7.2.1 施工准备

1. 先张法台座宜采用框架式结构，台座由台面、横梁和承力结构组成。按构造形式不同，可分为墩式台座、槽形台座和桩式台座等。台座底模在经压实的基础上浇筑15cm厚的C20素混凝土垫层，上铺5mm厚钢板，保持平整、光滑、排水畅通。侧模板易采用新加工的大块钢模板。

2. 承力台座应进行专门设计，具有足够的强度、刚度和稳定性，其抗倾覆安全系数应不小于1.5，抗滑移系数不小于1.3(图7-3)。锚固横梁应具有足够的刚度，受力后挠度应不大于2mm(横梁、台座、预应力筋位置实物图见图7-4、槽式台座构造示意图见图7-5)。

图 7-3 墩式台座近景

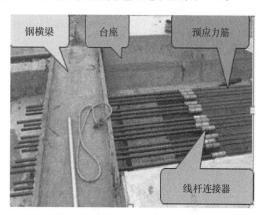

图 7-4 横梁、台座、预应力筋实物图

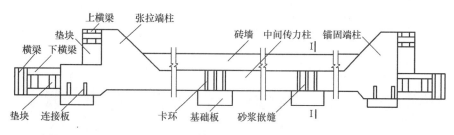

图 7-5 槽式台座构造示意图

3. 布置钢绞线之前，底模先用打磨机进行除锈并用砂轮机磨光，海绵擦去表面杂物后均匀涂刷脱模漆。侧模除按底模方法处理外，立模前应进行试拼，合格后正式拼装，缝大于2mm处，用单面胶、胶带封堵，防止漏浆。芯模安装前应充气检查有无漏气，就位位置准确，顶、底板和腹板厚度满足设计要求，定位筋稳固、圆顺，气压力值控制在0.4~0.5 MPa之间。

4. 预应力筋预留孔的位置准确，安装后与定位板上对应的预应力筋孔在一条直线上，端模预应力筋孔径可按实际直径扩大1~2mm，开孔水平向可做成椭圆形。

7.2.2 预应力筋张拉

1. 底模涂刷隔离剂，上铺塑料布或油毡纸，并沿台面每隔一定距离放置木楞或圆钢筋头垫起预应力筋，避免穿预应力筋时碰掉隔离剂或沾污预应力筋。按照先内后外的顺序穿钢绞线，预应力筋有效长度以外的部分进行失效段处理，采用硬塑料管套住，端头缠两层塑料布固定，并封闭防止影响失效效果。

2. 张拉程序

预应力筋张拉程序见表 7-1。

预应力筋张拉程序 表 7-1

预应力筋类型		张拉程序
钢筋		$0\rightarrow$初应力$\rightarrow1.05\sigma_{con}$（持荷 5min）$\rightarrow0.9\sigma_{con}\rightarrow\sigma_{con}$（锚固）
钢丝、钢绞线		$0\rightarrow$初应力$\rightarrow1.05\sigma_{con}$（持荷 5min）$\rightarrow0\rightarrow\sigma_{con}$（锚固）
对于夹片式等具有自锚性能的锚具	普通松弛力筋	$0\rightarrow$初应力$\rightarrow1.03\sigma_{con}$（锚固）
	低松弛力筋	$0\rightarrow$初应力$\rightarrow\sigma_{con}$（持荷 5min 锚固）

注：σ_{con}为张拉时的控制应力值，包括预应力损失值。

3. 张拉时千斤顶必须同步顶进，保持横梁平行移动，保持预应力筋均匀受力，分级加载至设计张拉应力。

4. 锚固前，应调整预应力筋的拉力至控制应力，量测并记录预应力筋的延伸量，实测值与理论计算值相差大于±6%的，应找出原因及时进行处理。满足要求后，锚固预应力筋，千斤顶回油至零（张拉示意图、实物图见图 7-6～图 7-8）。

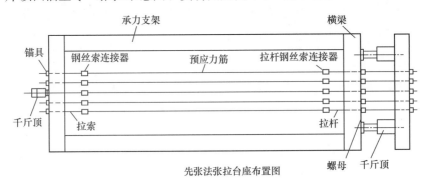

先张法张拉台座布置图

图 7-6 先张法张拉台座布置图

图 7-7 张拉实物图（一）

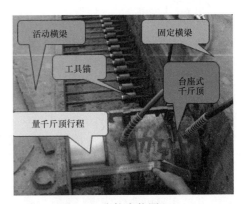

图 7-8 张拉实物图（二）

5. 在预制厂生产预应力多孔板时，可在钢模上用镦头梳筋板夹具进行整体张拉。方法是：钢丝两端镦粗，一端卡在固定梳筋板上，另一端卡在张拉端的活动梳筋板上。用张拉钩钩住活动梳筋板，再通过连接套筒将张拉钩和拉杆式千斤顶连接，即可张拉（图7-9、图7-10）。

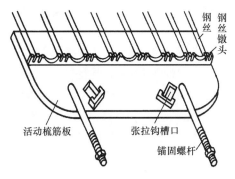

图7-9　镦头梳筋板夹具

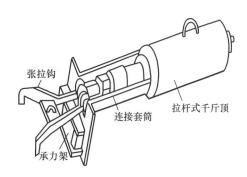

图7-10　张拉千斤顶与张拉钩

6. 注意事项

（1）台座法张拉预应力筋时，应先张拉靠近台座截面重心处的预应力筋，避免台座承受过大的偏心压力。张拉宜分批、对称进行。

（2）采用应力控制法张拉时，应校核预应力筋的伸长值。当实际伸长值与计算伸长值的偏差大于±6%时，应暂停张拉，查明原因并采取措施调整后，方可继续张拉。

（3）多根预应力筋同时张拉时，须事先调整初应力，使相互间的应力一致。预应力筋张拉锚固后的实际预应力值与设计规定检验值的相对允许偏差为±5%。

（4）先张法中的预应力筋不允许出现断裂或滑脱。在浇筑混凝土前发生断裂或滑脱的预应力筋必须予以更换。

（5）锚固时，张拉端预应力筋的回缩量应符合设计要求，设计无要求时不得大于施工规范规定。

（6）张拉锚固后，预应力筋与设计位置的偏差不得大于5mm，且不得大于构件截面短边尺寸的4%。

（7）施工中必须注意安全，张拉过程需做好安全防护（图7-11）。严禁正对钢筋张拉的两端站立人员，防止断筋回弹伤人。

图7-11　预应力筋张拉的安全防护

7.2.3　混凝土浇筑

1. 梁板钢筋绑扎完毕后，即可进行混凝土浇筑。混凝土采用一次性浇筑，先浇筑梁板底板，振捣密实抹平后安装芯模气囊，芯模安装牢固后再浇筑腹板及顶板。腹板每30cm为一层，水平循环浇筑振捣，浇筑时从一端向另一端循环布料，振捣棒振捣上层混凝土时，须插入下层混凝土5～10cm。振捣应避免碰撞预应力钢筋。顶板混凝土浇筑完毕后应收面拉毛。

2. 模板拆除遵循"先支后拆，后支先拆"的顺序，一般混凝土强度达到 2.5MPa 以上时方可拆除侧模板。拆除芯模时，应待混凝土强度高于 2.5MP 时方可拆除，避免顶板出现裂缝，拆模时先排尽气囊气体，使气囊与梁体处于分离状态，缓慢拉出芯模；拆除侧模顶部横向拉杆和与张拉架纵梁间缆绳，再拆除两侧模与张拉架纵梁间支撑，轻轻移开两端模。

3. 模板拆除后用混凝土（或砖砌）对板端孔芯进行封闭，防止对角线部位的倒角处出现裂缝。混凝土强度达到设计或规范强度的 80%、弹性模量不低于混凝土 28d 弹性模量 80% 时方可放张，为防止突然放张板端混凝土局部崩裂或梁板两端腹板与底板间出现剪切缝，宜分四次逐级进行，每次放张吨位分别为施张吨位的 40%、30%、20%、10%，且最后一级放张时应在 5min 内慢速进行。长线台座上预应力的切断顺序，应由张拉端开始逐次切向另一端。

7.2.4　预应力放张

1. 混凝土强度达到设计规定的数值后，才可放松预应力筋。轴心受预压构件，所有预应力筋应同时放张；偏心受预压构件，应先同时放张预压力较小区域的预应力筋，再同时放张预压力较大区域的预应力筋。

2. 当预应力筋采用钢丝时，配筋不多的中小型钢筋混凝土构件，钢丝可用砂轮锯或切断机切断等方法放松。配筋多的预应力混凝土构件，钢丝应同时放松。长线台座上放松后预应力筋的切断顺序，一般由放松端开始，逐次切向另一端。预应力筋为钢筋时，对热处理钢筋及冷拉Ⅳ级钢筋不得用电弧切割，宜用砂轮锯或切断机切断。数量较多时，也应同时放松。多根钢丝或钢筋的同时放松，可用油压千斤顶张放、砂箱放张、楔块放张等方法（楔块、砂箱放张见图 7-12、图 7-13）。

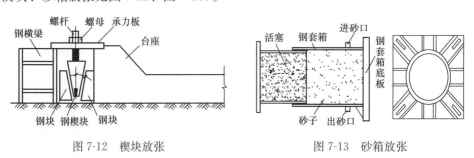

图 7-12　楔块放张　　　　　　　　图 7-13　砂箱放张

3. 采用湿热养护的预应力混凝土构件，宜热态放松预应力筋，而不宜降温后再放松。

7.2.5　存放和运输

梁出槽、存放、封梁头，封梁前切除多余的预应力筋，两端头用砖砌筑，浇筑素混凝土梁头。用两台龙门吊将梁移至存梁区，存梁宜为 2 层，不超过 3 层，存放时间应按要求存放，一般不超 90d。在转运过程中应对空心板梁施加一定的正弯矩，防止梁体开裂。

7.3　后张法

后张法是先制作构件并预留孔道，待构件混凝土达到规定强度后，在孔道内穿入预应力筋，张拉并锚固，然后孔道灌浆。

7.3.1 预应力筋加工和安装

1. 钢绞线下料宜用砂轮切割机切割，不得采用电弧切割。

2. 预应力筋的孔道形状有直线、曲线和折线三种，其直径与布置根据构件的受力性能、张拉锚固体系特点及尺寸确定（预应力筋孔道形状实物见图7-14、图7-15）。

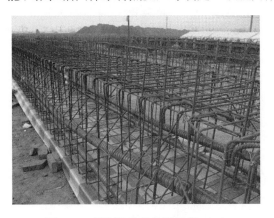

图7-14　预制构件的孔道留设（一）　　　　图7-15　预制构件的孔道留设（二）

3. 孔道至构件边缘的净距不小于40mm，孔道之间的净距不小于50mm；端部的预埋钢板应垂直于孔道中心线；凡需起拱的构件，预留孔道应随构件同时起拱。

4. 为确保预应力钢筋的位置准确，采用网格定位筋或"U"字形定位筋、钢筋井字架对预应力孔道进行固定。梁腹板采用网格定位筋，预应力管道直线段每隔80cm、曲线段每隔50cm设置一道定位网，并与主梁钢筋焊牢；梁底采用"U"字形定位筋。钢筋与预应力管道有干扰时，原则上钢筋应避让管道，确保管道的线形顺滑（预应力管道定位见图7-16、图7-17）。

图7-16　梁腹板预应力管道的网格定位筋　　　图7-17　梁底板预应力管道"U"字形定位筋

5. 一般在构件两端和中间每隔12m设置一个灌浆孔，孔径20～25mm（与灌浆机输浆管嘴外径相适应），用木塞留设。曲线孔道应在最低点设置灌浆孔，以利于排出空气，保证灌浆密实；一个构件有多根孔道时，其灌浆孔不应集中留在构件的同一截面上，以免构件截面削弱过大。灌浆孔的方向应使灌浆时水泥浆自上而下垂直或倾斜注入孔道（图

7-18、图 7-19）。

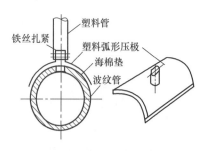

图 7-18　波纹管上留设灌浆孔

图 7-19　用木塞留设灌浆孔

6. 构件的两端留设排气孔，曲线孔道的峰顶处应留设排气兼泌水孔，必要时可在最低点设置排水孔。

7. 预应力筋穿入孔道按穿筋时机分为先穿束和后穿束；按穿入数量分为整束穿和单根穿；按穿束方法分为人工穿束和机械穿束（人工后穿束、穿束后的箱梁见图 7-20、图 7-21）。

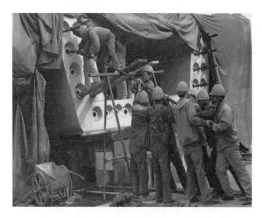

图 7-20　箱梁的人工后穿束

图 7-21　穿束后的箱梁

8. 混凝土箱梁浇筑宜采用二次浇筑工艺，即先浇筑底板混凝土，安装芯模后绑扎顶板钢筋，再浇筑腹板及顶板混凝土。振捣采用插入式振捣棒和平板振动器相结合，侧模底部马蹄形用插入式振捣棒，振捣时应避免对振捣口、预应力管道、预埋件的碰撞。底板平板用平板振动器。混凝土浇筑过程中应采用压档防止芯模上浮，压挡与侧板用 M16 螺栓连接牢固。

7.3.2　预应力张拉

1. 预应力钢筋张拉需在混凝土强度达到设计规定的要求后方可实施，设计无要求时，应达到混凝土强度的 80%，弹性模量应不低于混凝土 28d 弹性模量的 80%，张拉前检查锚垫板，孔内应无杂物、无空洞，否则应采用环氧树脂砂浆补强，待达到强度后才可进行张拉。

2. 张拉程序

后张法张拉程序见表 7-2。

预应力筋类型		张拉程序
钢筋		$0 \rightarrow$ 初应力 $\rightarrow \sigma_{con}$（持荷 5min）$\rightarrow 0 \rightarrow \sigma_{con}$（锚固）
钢绞线（其他锚具）		$0 \rightarrow$ 初应力 $\rightarrow 1.05\sigma_{con}$（持荷 5min）$\rightarrow \sigma_{con}$（锚固）
钢丝束		$0 \rightarrow$ 初应力 $\rightarrow 1.05\sigma_{con}$（持荷 5min）$\rightarrow 0 \rightarrow \sigma_{con}$（锚固）
对于夹片式等具有 自锚性能的锚具	普通松弛力筋	$0 \rightarrow$ 初应力 $\rightarrow 1.03\sigma_{con}$（锚固）
	低松弛力筋	$0 \rightarrow$ 初应力 $\rightarrow \sigma_{con}$（持荷 5min 锚固）

操作流程见图 7-22～图 7-26。

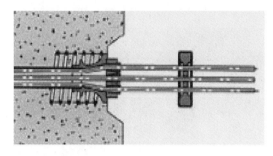

图 7-22　准备工作

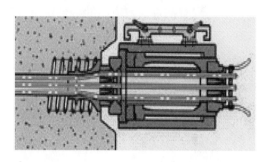

图 7-23　千斤顶定位安装

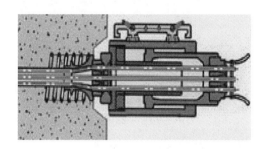

图 7-24　张拉

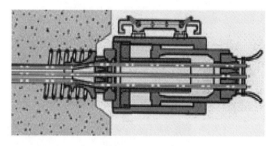

图 7-25　锚固

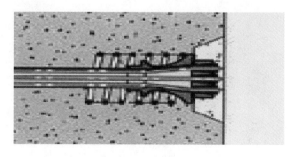

图 7-26　封端

现场实物图见图 7-27～图 7-29。

3. 预应力筋张拉时应对管道摩阻损失、锚圈口摩阻损失进行测量。根据实测结果调整张拉控制应力，确保有效应力值。

图 7-27　千斤顶安装　　　　　图 7-28　夹片安装　　　　　图 7-29　张拉施工

4. 对配有多束预应力筋的构件应分批进行张拉（图 7-30，图 7-31）。

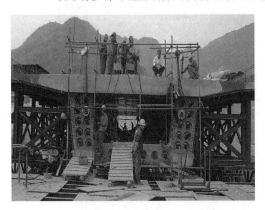

图 7-30　预应力箱梁的分批张拉　　　　　图 7-31　预应力 T 梁的分批张拉

5. 张拉应对称进行，不使混凝土产生超应力（图 7-32）；构件不扭转与侧弯、结构不变位；张拉设备的移动次数最少。

图 7-32　预应力箱梁的对称张拉

6. 为了防止预应力管道漏浆造成堵孔，应用软塑胶管做衬管增强波纹管的刚度，保证孔道贯通不堵塞，待混凝土浇筑完后 PVC 管拔出，利于钢绞线的穿入和压浆（图 7-33，图 7-34）。

图 7-33　软塑胶管做衬管（一）

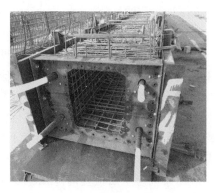

图 7-34　软塑胶管做衬管（二）

7. 注意事项

（1）预应力筋两端同时张拉时，宜先在一端张拉、一端锚固，再在另一端张拉补足张拉力后锚固。

（2）为解决混凝土弹性压缩损失问题，可采用同一张拉值，逐根复拉补足张拉力（图 7-35）。

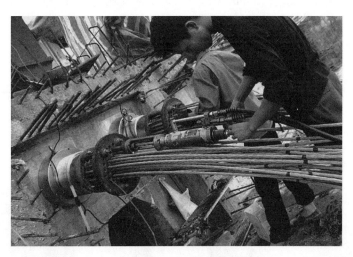

图 7-35　预应力钢绞线的逐根张拉

（3）对于重要预应力混凝土构件，可分阶段张拉预应力筋，即全部预应力先张拉 50% 之后，再第二次拉至 100%。

8. 预应力张拉应根据理论伸长量，采用两端对称张拉。张拉时以应力控制为主，实测伸长值和理论伸长值进行比较，两者之差不应超过设计伸长值的 ±6%。张拉完成后应尽早压浆，压浆前先用清水加压冲洗孔道，排除孔内粉渣等杂物，冲洗后再用空压机吹干积水。压浆顺序先下后上，集中在同一处的孔道要一次压完，中间因故停歇时应将孔道内的水泥浆冲洗干净后重新压浆。

9. 预应力筋张拉伸长量测量时，由于张拉千斤顶工作锚夹片内滑和钢绞线回缩影响，直接测量千斤顶张拉端活塞伸出量会较实际伸长量偏大，易导致预应力度不足。故伸长量测量应选择在预应力钢绞线上张拉千斤顶工作锚向外一定距离，测量钢绞线与梁端的绝对伸长值作为张拉伸长值。

7.3.3 孔道压浆

1. 压浆料用普通硅酸盐水泥，强度等级不低于 42.5 级，水灰比不大于 0.26～0.28，搅拌后 3h 泌水率不宜大于 2%，且不应大于 3%，泌水应能在 24h 内全部重新被水泥浆吸收。为保证压浆质量，宜选用成品压浆料，掺入定量的水通过高速搅拌机搅拌。

2. 张拉完成后，宜在 48h 内进行管道压浆。压浆前管道内应清除杂物及积水。压浆时及压浆后 3d 内，梁体及环境温度不得低于 5℃。压浆时最高气温不宜高于 35℃，冬季压浆时应采取保温措施，水泥浆应掺入防冻剂。

3. 压浆前应全面检查构件孔道及压浆孔、泌水孔、排气孔是否畅通，对抽芯成孔的孔道采用压力水冲洗湿润，对预埋波纹管孔道可用压缩空气清孔。宜先压下层孔道，后压上层孔道。压浆工作应缓慢均匀进行，不得中断，并应排气通顺，在出浆口冒出浓浆并封闭排气口后，继续加压至 0.5～0.7MPa 稳压 3～5min，再封闭压浆孔。

4. 压浆宜采用真空压浆工艺，压浆前管道真空度应稳定在 -0.06～-0.08MPa 之间；对水平或曲线孔道，压浆压力取 0.5～0.7MPa；对超长孔道，最大压力不超过 1MPa；对竖向孔道，压浆压力取 0.3～0.4MPa。经常检查孔道真空度的稳定性，浆液自拌制完成至压入孔道的延续时间不超过 40min（真空压浆设备及施工见图 7-36～图 7-39）。

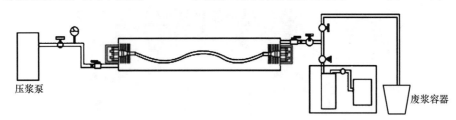

图 7-36 真空压浆施工

图 7-37 压浆用水泥浆搅拌机

图 7-38 压浆用活塞式压浆机

图 7-39 压浆用真空泵

5. 竖向的精轧螺纹钢的压浆宜采用"U"串口压浆的工艺，首先将底部的出气孔引出腹板，然后两两串连，在顶部压浆（图 7-40，图 7-41）。

图 7-40　竖向预应力管道 U 形管连接

图 7-41　压浆作业

7.3.4　封锚

1. 先将承压板表面的粘浆和锚环外面上部的灰浆铲除干净，锚圈与锚垫板之间的交接缝应用聚氨酯防水涂料进行防水处理，检查确认无漏压的管道后，才允许浇筑封端混凝土。

2. 将混凝土表面凿毛，并焊上钢筋网片。封端混凝土应采用无收缩混凝土进行封堵，其混凝土强度不得低于设计要求，并不低于 35MPa。封端混凝土养护结束后，采用聚氨酯防水涂料对封端新老混凝土之间的交接缝进行防水处理。

3. 待混凝土达到强度后，拆除侧模，锚固端面及铰缝面等新、旧混凝土结合面均凿毛成凹凸不小于 6mm 的粗糙面，100mm×100mm 面积中不少于 1 个点，以利于新旧混凝土良好结合。

第3篇　城市道路工程

第8章 路基

8.1 施工准备

1. 施工前，组织施工技术管理人员现场踏勘，根据地质、水文等资料，做好技术、人员、材料、机械、资金等各项施工准备，对场地及施工范围内管线、建（构）筑物相关资料进行调查，施工中采取针对性的保护措施。

2. 编制、完善施工技术与安全施工方案，并逐级交底。

3. 根据设计移交现场测量控制桩、水准点，建立工程测量控制体系，并对道路中线、边线及原地面高程进行复测，计算挖填方量，做好路基土方调配。依照设计图样放出道路红线、中线，见图8-1。

图 8-1　测量放线

4. 施工前，应根据工程地质、水文、气象资料、施工工期和现场环境编制排水与降水方案。施工期间排水设施应及时维修清理、保证排水通畅。做好临时排水设施，开挖路基两侧临时排水沟，并与道路工程永久排水设施相结合，见图8-2。当采用明沟排水时，

图 8-2　排水沟开挖

排水沟的断面及纵坡应根据地形、土质和排水量确定。当需用排水泵时，应根据施工条件，渗水量、扬程与吸程要求选择。施工排水，应引向离路基较远的地点。

5. 道路路基施工前先挖除杂草、树根、弃物、腐殖土及杂填土等，清表厚度参照设计图样要求，见图 8-3。

图 8-3　路基清表

6. 清表过程中，对于机械不能清理的部位例如树根等应配合人工进行清除。在清除树根时，须一次性将树根挖掘干净，保证路基处理顺利施工。清除完毕后对坑穴填平压实。

7. 对各种路基填料进行检验，对路基土进行天然含水量、液限、塑限、标准击实、CBR 试验，必要时应做颗粒分析、有机质含量、易溶盐含量、冻膨胀和膨胀量等试验。路基土主要检测设备见图 8-4。

8. 施工前应修筑路基试验段，获取各种施工参数。试验段确定以下主要内容：

（1）摊铺的松铺厚度。

（2）标准的施工方法。

① 铺筑方法和适用设备。

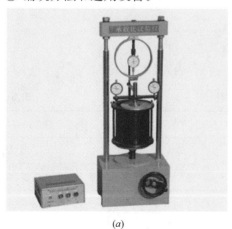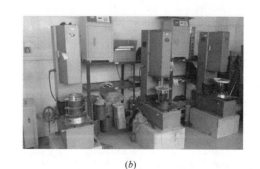

（a）　　　　　　　　　　　　　　　　　（b）

图 8-4　路基土检测设备

（a）承载比试验仪；（b）击实试验设备；

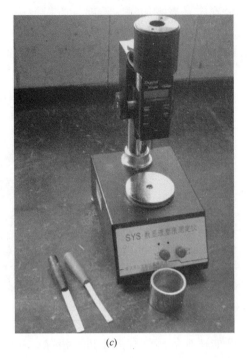

(c) (d)

图 8-4　路基土检测设备（续）

(c) 液塑限测定仪；(d) 易溶盐检测仪器

② 整平和整形的合适设备和工艺方法。

③ 选择适合的压实设备组合、压实的顺序、速度和遍数。

(3) 每一作业段的合适长度。

(4) 施工组织及管理体系。

(5) 质量检测结果及施工控制要点、注意事项。

8.2　路基施工

8.2.1　填方路基

1. 石灰应符合下列要求：

(1) 宜用 1～3 级的新灰，石灰的技术指标应符合表 8-1 的规定。

石灰技术指标　　　　　　　　　　　　　表 8-1

类别	钙质生石灰			镁质生石灰			钙质消石灰			镁质消石灰		
	等级											
项目	Ⅰ	Ⅱ	Ⅲ	Ⅰ	Ⅱ	Ⅲ	Ⅰ	Ⅱ	Ⅲ	Ⅰ	Ⅱ	Ⅲ
有效钙加氧化镁含量	≥85	≥80	≥70	≥80	≥75	≥65	≥65	≥60	≥55	≥60	≥55	≥50
未消化的残渣含量 5mm 圆孔筛的筛余（%）	≤7	≤11	≤17	≤10	≤14	≤20	—	—	—	—	—	—
含水量（%）	—	—	—	—	—	—	≤4	≤4	≤4	≤4	≤4	≤4

类别 项目		钙质生石灰			镁质生石灰			钙质消石灰			镁质消石灰		
		等级											
		Ⅰ	Ⅱ	Ⅲ	Ⅰ	Ⅱ	Ⅲ	Ⅰ	Ⅱ	Ⅲ	Ⅰ	Ⅱ	Ⅲ
细度	0.71方孔筛的筛余（%）	—	—	—	—	—	—	0	≤1	≤1	0	≤1	≤1
	0.125方孔筛的筛余（%）	—	—	—	—	—	—	≤13	≤20	—	≤13	≤20	—
钙镁石灰的分界线，氧化镁含量（%）		≤5			>5			≤4			>4		

注：硅、铝、镁氧化物含量之和大于5%的生石灰，有效钙加氧化镁含量指标，Ⅰ等≥75%，Ⅱ等≥70%，Ⅲ等≥60%；未消化残渣含量指标均与镁质石灰指标相同。

（2）磨细生石灰，可不经消解直接使用；块灰应在使用前2~3d完成消解，未能消解的生石灰块应筛除，消解石灰的粒径不得大于10mm。

（3）对储存较久或经过雨期的消解石灰应先经过试验，根据活性氧化物的含量决定能否使用及使用办法。

2. 石灰土配合比设计应符合下列规定：

（1）每种土应按5种石灰掺量进行试配，试配石灰用量宜按表8-2选取。

石灰土试配石灰用量　　　　　　　表8-2

土壤类别	结构部位	石灰掺量（%）				
		1	2	3	4	5
塑性指数≤12的黏性土	基层	10	12	13	14	16
	底基层	8	10	11	12	14
塑性指数>12的黏性土	基层	5	7	9	11	13
	底基层	5	7	8	9	11
砂砾土、碎石土	基层	3	4	5	6	7

（2）确定混合料的最佳含水量和最大干密度，应做最小、中间和最大3个石灰剂量混合料的击实试验，其余两个石灰剂量混合料最佳含水量和最大干密度用内插法确定。

（3）按规定的压实度，分别计算不同石灰剂量的试块应有的干密度。

（4）强度试验的平行试验最少试件数量，不应小于表8-3的规定。如试验结果的偏差系数大于表中规定值，应重做试验。如不能降低偏差系数，则应增加试件数量。

最少试件数量（件）　　　　　　　表8-3

土壤类别 偏差系数	<10%	10%~15%	15%~20%
细粒土	6	9	—
中粒土	6	9	13
粗粒土	—	9	13

（5）试件应在规定温度下制作和养护，进行无侧限抗压强度试验，应符合国家现行标准《公路工程无机结合料稳定材料试验规程》JTJ 057 有关要求。

（6）石灰剂量应根据设计要求强度值选定，试件试验结果的平均抗压强度 R 应符合要求。

（7）实际采用的石灰剂量应比室内试验确定的剂量增加 0.5%～1.0%。采用集中厂拌时，可增加 0.5%。

3. 原地面清表后按设计要求进行整平、碾压，压实度应符合设计及规范要求。施工中宜根据设计断面，全幅分层填筑、分层压实，避免产生纵向接缝，见图 8-5。

图 8-5　分层填筑路基

4. 采用石灰土作为路基填筑材料时，须进行石灰检测，确保石灰等级符合要求，并按土场及取土部位分别进行灰剂量标准曲线检测；石灰土应集中厂拌，拌成的石灰土应及时运送至铺筑现场，运输中应采取防止水分蒸发和防扬尘措施，拌制成品必须均匀无花白料，粒径≤15mm。

厂拌石灰土应符合下列规定：

（1）石灰土搅拌前，应先筛除集料中不符合要求的颗粒，使集料的级配和最大粒径符合要求。

（2）宜采用强制式搅拌机进行搅拌，配合比应准确，搅拌应均匀；含水量宜略大于最佳值；石灰土应过筛（20mm 方孔）。

（3）应根据土和石灰的含水量变化，集料的颗粒组成变化，及时调整搅拌用水量。

（4）拌成的石灰土应及时运送到铺筑现场，运输中应采取防止水分蒸发和防扬尘措施。

（5）搅拌厂应向现场提供石灰土配合比、R7 强度标准值及石灰中活性氧化物含量资料。

5. 填方分段施工时，相邻填土路段应错缝搭接，其搭接长度不得小于 2m，每层碾压至端头。

6. 填筑路基宜采用水平分层填筑法施工，采用自卸车运至作业面，按照方格网分堆卸土，推土机粗平，平地机整平，压路机碾压成型。路基填土宽度每侧应比设计规定宽

50cm，最大压实厚度不超过 20cm。如原地面不平，应由最低处分层填起，下层填土验收合格后，方可进行上层填筑，见图 8-6～图 8-9。

图 8-6　方格网分堆卸土

图 8-7　推土机粗平　　　　　　　　　　图 8-8　平地机整平

图 8-9　路基碾压

7. 路基填筑宜设置双向横坡，以利于排除地表水。

8. 已上土但未能及时碾压的路段遇雨时，必须采取封压措施，封压时应注意表面平整，适当加大横坡，使表面不积水。

9. 路基碾压应按试验段确定的压实机械、压实方法进行碾压，并遵循"先轻后重、先慢后快、均匀一致"的原则。

10. 路基成型后应立即洒水养护，保持湿润直至上层结构施工，养护期应封闭交通，见图 8-10。

图 8-10　洒水养护

8.2.2　挖方路基

1. 开挖方法应根据地势、环境状况、路堑尺寸及土壤种类确定，边坡坡度应符合设计规定。高边坡应采用分级开挖，高度每 6～10m 设平台一道，宽度为 1～3m，视需要设置平台排水沟。

2. 挖土时应自上而下分层开挖，不超挖、严禁掏洞开挖。作业中断或作业后，开挖面应做成稳定边坡。

3. 土方分层开挖的每层深度，人工开挖宜为 1.5～2m，机械开挖宜为 3～4m。

4. 挖土至距路基设计底标高 10～20cm 时，应停止机械开挖，由人工整修至设计标高，见图 8-11。

8.2.3　石方路基

1. 施工前应根据地质条件、工程作业环境，选定施工机具设备。

2. 开挖路堑发现岩性有突变时，应及时报请设计单位办理设计变更。

3. 采用爆破法施工石方必须符合现行国家标准《爆破安全规程》GB 6722—2014 的有关规定，并应符合下列规定：

（1）施工前，应进行爆破设计，编制爆破设计书或说明书，制定专项施工方案和相应的安全技术措施，经市、区政府主管部门批准。

（2）在市区、居民人口稠密区，宜使用静音爆破，严禁使用扬弃爆破。

（3）爆破工程应按批准的时间进行，在起爆前须完成对爆破影响区内的房屋、构筑物和设备的安全防护、交通管制与疏导，安全警戒和施爆区内人、畜等撤至安全地带，指挥与操作系统人员就位。

图 8-11 路基开挖

（4）起爆前，爆破人员必须确认装药与导爆、起爆系统安装正确有效。

4. 爆破施工必须由取得爆破专业技术资质的企业承担，爆破工应经技术培训持证上岗。爆破现场须设专人指挥。

5. 石方填筑路基应符合下列规定：

（1）修筑填石路堤应进行地表清理，先码砌边部，然后逐层水平填筑石料，确保边坡稳定。

（2）施工前应先修筑试验段，以确定能达到最大压实干密度的松铺厚度与压实机械组合，及相应的压实遍数、沉降差等施工参数。

（3）填石路堤宜选用 12t 以上的振动压路机、25t 以上的轮胎压路机或 2.5t 以上的夯锤压（夯）实，见图 8-12。

图 8-12 石方路基碾压

（4）路基范围内管线、构筑物四周的沟槽宜回填土料。

8.3 其他

1. 雨期施工时，应对边坡采取防雨水冲刷措施，必要时应修筑急流槽；边坡被雨水冲刷后应及时进行修补、夯实，见图 8-13。

2. 构筑物回填时，应沿构筑物向四周设置一定的坡度，以利于排水；构筑物周边回填应先于正常路段，适当提高压实度或换填。

3. 碾压应从路基边开始，压路机轮边缘距路基边应保持安全距离。

4. 管道工程宜在路基施工完成后采用反挖法施工，沟槽、检查井周边等压路机无法碾压的部位应采用小型碾压设备分层、对称压实，见图 8-14。

图 8-13　急流槽

图 8-14　检查井周边人工夯实

5. 优先安排特殊路基路段和构筑物施工，以形成路基长段落施工。

第9章 水泥稳定碎石基层

9.1 一般规定

1. 水泥稳定土类材料的配合比设计步骤，应按有关规定进行。厂拌水泥稳定碎石水泥掺量应比试验剂量增加0.5%，水泥最小掺量对粗粒土、中粒土应为3%，对细粒土应为4%。

2. 水泥稳定碎石宜采用搅拌厂集中拌制（图9-1），施工中应尽可能缩短从加水拌和到碾压终了的延迟时间，延迟时间不应超过水泥的初凝时间。细集料不得露天堆放，需加设顶棚。

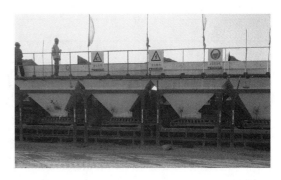

图9-1 水泥稳定碎石拌合楼

3. 运输车辆在装产前检查其完好情况，装料前将车厢洗干净，装料顺序宜采用"前—后—中"的顺序。运料车用油布或土工布加以覆盖，防止混合料水分损失与污染。运料车的自卸斗门应关闭严密，防止沿途漏料。

4. 拌成的水泥稳定碎石应及时运送至铺筑现场，自搅拌至摊铺完成，不应超过3h。

5. 水泥稳定碎石分层铺筑时，下层水泥稳定碎石养护7d后方可进行上层施工，严禁采用两层连铺方式摊铺。

6. 水泥稳定碎石基层的施工期宜在冬期到来前半个月至一个月结束，尽量避免在高温季节施工。

7. 水泥稳定碎石基层施工时，应遵循下列规定：

（1）配料应准确，拌和应均匀；

（2）混合料摊铺应均匀，减少离析；

（3）严格控制基层的压实厚度和高程，横坡应与面层一致；

（4）应在混合料略大于最佳含水量约1个百分点时进行碾压，直到达到振动击实试验确定的不小于98%压实度。

8. 应采取各种有效措施，防止水泥稳定碎石基层在施工中出现离析（粗集料集中）和开裂现象。对已经出现的离析和开裂应进行处理，直至将基层铲除重铺。

9.2 原材料要求

1. 水泥

普通硅酸盐水泥、矿渣硅酸盐水泥、火山灰质硅酸盐水泥都可用于拌制水泥稳定碎石混合料，宜采用强度等级42.5级的缓凝水泥。水泥指标应符合相关标准的规定，见表9-1。

水泥质量技术要求 表 9-1

试验项目	单位	技术要求	检测频率
细度	%	≤10	每200t检测1次
初凝时间	min	≤180	
终凝时间	min	≤360	
3d抗折强度	MPa	≤3.5	
3d抗压强度	MPa	≤18.0	
安定性		合格	
SO₃含量	%	≤3.5	

采用散装水泥，在水泥进场入罐时，要停放7d，安定性合格后才能使用；夏季高温作业时，水泥入罐温度不能高于50℃，否则，应采用降温措施。

2. 碎石

碎石的最大粒径为31.5mm，宜按粒径19～31.5mm、4.75～19mm、2.36mm～4.75mm和0～2.36mm四种规格备料。4号料建议采用坚硬、洁净、无杂质的玄武岩或辉绿岩。

集料指标应符合相关标准的规定，见表9-2～表9-4。

水泥稳定碎石粗集料质量技术要求（1♯、2♯料） 表 9-2

试验项目	技术要求	检测频率
石料压碎值（%）	≤28	每2000t检测1次
针片状颗粒含量（1∶3）（%）	≤15	
水洗法<0.075mm颗粒含量（%）	≤2	

水泥稳定碎石细集料质量要求（3#料）　　　　　表 9-3

试验项目	技术要求	检测频率
水洗法＜0.075mm 颗粒含量（％）	≤3	每 1000t 检测 1 次

水泥稳定碎石细集料质量要求（4#料）　　　　　表 9-4

试验项目	技术要求	检测频率
水洗法＜0.075mm 颗粒含量（％）	≤12	每 1000t 检测 1 次
砂当量（％）	≤50	

合成碎石的颗粒组成应符合表 9-5 的规定。

水泥稳定碎石混合料中合成碎石的颗粒组成　　　　　表 9-5

级配	通过下列筛孔（mm）的重量百分率（％）							
	31.5	26.5	19	9.5	4.75	2.36	0.6	0.075
范围	100	95～100	68～86	44～62	27～42	18～30	8～15	0～5

3. 水

凡饮用水皆可使用，遇到可疑水源，应委托有关部门化验鉴定。

9.3 施工准备

1. 应配备齐全的施工机械和配件，做好开工前的保养、试机工作，配置质量检测仪器。

2. 组织技术及测量人员进行控制桩复测工作，并保护好控制桩，同时标出中线及边线里程桩（10m/桩）。

3. 编制完善施工技术与安全施工方案，并逐级交底，对平交口、渠化段等重点部位应编制施工作业指导书。

4. 清除作业面表面的浮土等杂物，摊铺前应适当洒水湿润。

5. 施工前通过试验室确定碎石级配和水泥掺量。正式开工之前，应进行试铺。试铺段应选择在经验收合格的底基层上进行，其长度为 300～600m，每一种方案试验100～200m。

通过试铺确定以下内容：

（1）验证混合料生产配合比。

（2）铺筑的松铺系数。

（3）标准施工方法：

① 拌和、运输、摊铺和碾压机械的协调和配合；

② 压实机械的选择和组合，压实的顺序，速度和遍数；

③ 确定摊铺机行进速度、摊铺厚度、摊铺机梯队作业间距。

（4）每一作业段的合适长度。

（5）施工组织及管理体系。

（6）质量检测结果及施工控制要点、注意事项。

9.4 基层施工

9.4.1 一般要求

1. 清除作业面表面的浮土等杂物，并将作业面表面洒水湿润。

2. 摊铺的前一天要进行测量放样，按摊铺机宽度与传感器间距，一般在直线上间隔为 10m，在平曲线上为 5m，做出标记，并打好导向控制线支架，根据松铺系数算出松铺厚度，决定导向控制线高度，挂好导向控制线。用于控制摊铺机摊铺厚度的控制线的钢丝拉力应不小于 800N。

3. 水泥稳定碎石基层的施工期建议在冰冻到来半个月前结束施工，尽量避免在高温季节施工。

4. 下层水泥稳定碎石施工结束 7d 后方可进行上层水泥稳定碎石的施工。两层水泥稳定碎石施工间隔宜不长于 30d。

9.4.2 拌和

1. 开始拌和前，拌和场的备料应能满足 7d 以上的摊铺用料。

2. 每天开始搅拌前，应检查场内各处集料的含水量，计算当天的配合比，外加水与天然含水量的总和要比最佳含水量略高。实际的水泥剂量可以大于混合料组成设计时确定的水泥剂量约 0.5%，但是，实际采用的水泥剂量和现场抽检的实际水泥剂量应小于4.5%。同时，在充分估计施工富余强度时要从缩小施工偏差入手，不得以提高水泥用量的方式提高路面基层强度。

3. 每天开始搅拌之后，按规定取混合料试样抽查级配和水泥剂量；随时检查配比、含水量是否变化。高温作业时，早晚与中午的含水量要有区别，要按温度变化及时调整。

4. 拌合机出料不允许采取自由跌落式的落地成堆、装载机装料运输的办法。一定要配备带活门漏斗的料仓，由漏斗出料直接装车运输，装车时车辆应前后移动，分三次装料，避免混合料离析。

9.4.3 运输

1. 运输车辆在每天开工前，要检验其完好情况，装料前应将车厢清洗干净。运输车辆数量一定要满足拌合出料与摊铺需要，并略有富余。

2. 应尽快将拌成的混合料运送到铺筑现场。车上的混合料应覆盖，减少水分损失。如运输车辆中途出现故障，必须立即以最短时间排除；当车内混合料不能在初凝时间内运到工地摊铺压实，必须予以废弃。

9.4.4 摊铺

1. 应采用专用摊铺机摊铺，当路幅较宽时，应采取多台摊铺机梯队作业，摊铺速度、摊铺厚度、路拱坡度、振动频率一致，见图 9-2。

2. 摊铺前应将底基层适当洒水湿润。对于基层下层表面，应喷洒水泥净浆（1.0～1.5kg/m²），水泥净浆稠度以洒布均匀为度，洒布长度以不大于摊铺机前 30～40m 为宜。

3. 严格控制基层厚度和高程，压实厚度不得超过 20cm；路拱横坡应满足设计及规范要求，且与面层一致。

4. 摊铺时应采取有效措施，防止施工中出现离析（粗集料集中）和开裂现象。对已

图 9-2　水稳摊铺机

经出现的离析和开裂应进行处理，直至将基层铲除重铺。

5. 摊铺机宜连续摊铺。如拌合机生产能力较小，在用摊铺机摊铺混合料时，应采用最低速度摊铺，禁止摊铺机停机等料。摊铺机的摊铺速度宜在 1m/min 左右，见图 9-3。

图 9-3　水稳摊铺

6. 横缝设置

（1）摊铺因故中断时间超过 2h，应设横缝。每天收工之后，第二天开工的接头断面也要设置横缝。

（2）横缝应与路面车道中心线垂直，接缝断面应设直茬。

（3）横缝位置应设置在距离停机端头不少于 3m 处，接缝至端头段的混合料应挖除，清理干净后，用水泥净浆涂刷横向端面，摊铺机从接缝处起步摊铺。

9.4.5 碾压

1. 应在混合料含水量略大于最佳含水量时进行碾压，压实度符合设计及规范要求。

2. 每台摊铺机后面，应紧跟双钢轮压路机，振动压路机和轮胎压路机进行碾压，一次碾压长度一般为 50～80m，压路机碾压时应重叠 1/2 轮宽。碾压段落必须层次分明，设置明显的分界标志。

3. 碾压应遵循生产试验路段确定的程序与工艺。注意稳压要充分，振压不起浪、不推移。碾压过程中，需及时检查压实度，不合格时，进行复压。

4. 压路机倒车换挡要轻且平顺，不得拉动基层。在第一遍初步稳压时，倒车后尽量原路返回，换挡位置应在已压好的段落上，在未碾压的一头换挡倒车位置应错开，成齿状，出现壅包时，应配专人进行铲平处理。

5. 宜在水泥初凝前碾压成活，表面应平整、无明显轮迹，且达到要求的压实度。

6. 为保证水泥稳定碎石基层边缘强度，应有一定的超宽。

7. 严禁压路机在已完成的或正在碾压的路段上调头或急刹车。水稳碾压见图 9-4。

图 9-4 水稳碾压

9.4.6 养护

1. 每一段碾压完成后应及时养护。常温下采用麻布或透水无纺土工布覆盖并洒水保持湿润，见图 9-5。覆盖半小时后，再用洒水车洒水；冬期基层施工完毕后应喷洒乳化沥青，在其上撒布适量石屑。

2. 洒水养生时，洒水车的喷头采用喷雾式，不得采用高压式喷管，以免破坏基层结构。每天洒水次数应视气候而定，整个养生期间应始终保持水泥稳定碎石层表面湿润。

3. 在养生期间应封闭交通，不得停放施工机械。

图 9-5　透水无纺土工布覆盖洒水养护

第10章 沥青混合料面层

10.1 施工准备

1. 沥青摊铺前，应检查基层和附属构筑物质量，确认符合设计、规范要求，水稳基层不得有松散的集料窝。

2. 加强基层清理工作，宜采用干洗机等进行清理，确保符合质量要求，见图10-1。

图 10-1 水稳基层清扫

3. 交通组织方案落实到位，社会通道安全通畅，围挡稳固密闭，路面无坑槽、无扬尘，道路照明充足，警示标志齐全，并安排专人维护社会通道秩序。

4. 项目经理、总监理工程师、沥青摊铺单位项目负责人等主要管理人员到岗，质量员、安全员和旁站监理、技术服务等人员就位；各专业施工人员充足，每次摊铺总配备人数一般不少于40～50人。

5. 除摊铺工作必须的机械设备外，现场还应配备洒水车、小型压实机械（振动夯、平板夯或小压路机）、小型铣刨机、路面清扫机，以及风镐、照明设备，铁锹扫把等，见图10-2。施工前对施工机具进行检查，确认所有机具处于良好状态，同时数量满足要求。

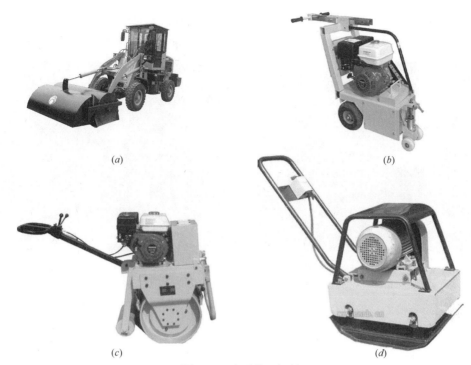

图 10-2　小型施工机具

（a）路面清扫机；（b）小型铣刨机；（c）小压路机；（d）平板夯

10.2　封层、透层、粘层

1. 基层受到污染或雨后路基未干，不得喷洒透层、封层、粘层油。

2. 透层、粘层宜采用沥青洒布车喷洒，喷洒应呈雾状，洒布均匀，用量与渗透深度宜按设计及规范要求并通过试洒确定，见图 10-3。

图 10-3　喷洒乳化沥青

3. 路缘石、雨水口、检查井等构筑物与沥青混合料接触的，侧面应涂刷乳化沥青保证粘结效果，见图10-4；检查井盖等易沾染沥青部位应涂刷隔离剂或防粘剂，见图10-5。

图10-4 平缘石边缘涂抹乳化沥青　　　　图10-5 井盖涂抹隔离剂

4. 乳化沥青喷洒后应进行交通管制，禁止任何车辆通行和人员踩踏，乳化沥青破乳后及时摊铺沥青。

10.3 面层施工

10.3.1 摊铺

1. 城市快速路、主干路不宜在环境气温低于10℃条件下施工；次干路、支路不得在雨雪天气或最高温度低于5℃情况下施工。

2. 沥青混凝土摊铺温度要求：

（1）普通沥青混合料（AC）搅拌及压实温度宜通过在135～175℃条件下测定的黏度－温度曲线，查表确定。

（2）聚合物改性沥青混合料搅拌及施工温度应根据实践经验经试验确定。通常宜较普通沥青混合料温度高10～20℃。

（3）SMA混合料的施工温度应经试验确定。

（4）SBS改性沥青混凝土的摊铺温度不得低于150℃，但不超过170℃。

3. 沥青混合料的松铺系数应根据混合料类型、施工机械和施工工艺等通过试验段确定。试验段长度不宜小于100m。

4. 用成品仓库贮存沥青混合料，贮存期混合料降温不得大于10℃。贮存时间普通沥青混合料不得超过72h；改性沥青混合料不得超过24h；SMA混合料应当日使用；OGFC应随拌随用。

5. 混合料出现花白料、泛油、不符合施工温度要求或已结成团块等现象的不得摊铺。

6. 摊铺前摊铺机收料斗应涂刷薄层隔离剂或防粘剂。摊铺前应提前预热熨平板，预热温度不低于100℃。

7. 摊铺机必须缓慢、均匀、连续不断的摊铺，不得随意变换速度或中途停顿，摊铺速度宜控制在2～6m/min，面层改性沥青混合料宜控制在1～3m/min。摊铺时螺旋送料器应不停的转动，两侧应保持有不少于送料器高度2/3的混合料，确保不发生离析。

8. 摊铺机采用自动找平方式，下面层或基层宜采用钢丝绳引导的高程控制方法，上面层宜采用平衡梁或滑靴并辅以厚度控制方式，见图 10-6。

图 10-6　钢丝绳引导控制高程

9. 采用组合施工时，两台摊铺机前后相距 10～20m，两幅之间应有 30～60mm 搭接，并避让车道轮迹带，上、下层横向搭接位置宜错开 1m 以上，见图 10-7。

图 10-7　沥青混凝土组合施工

10. 平交口摊铺控制要点

（1）根据图样设计，准确控制交叉口中心点。

（2）根据交叉口实际情况，选择长宽相对较大的方向作为主要摊铺路线。

（3）在确保摊铺温度的前提下，合理组合摊铺机械，先行完成其他方向的施工，必要时采用人工摊铺。摊铺时采用半幅施工，设挡板或采用切刀切齐，铺另半幅前须将缝边缘清扫干净，并涂洒少量粘层沥青，摊铺时应重叠在已铺层上 5～10cm，摊铺后人工将摊铺在前半幅上的混合料铲走。

（4）碾压时先在已压实路面上行走，碾压新铺层 10～15cm，然后压实新铺部分，再伸过已压实路面 10～15cm，充分将接缝压实紧密，上下层的纵缝错开 0.5m，表层的纵缝应顺直，且留在车道的画线位置上；横向接缝的碾压应先用双轮钢筒式压路机进行横向碾压。碾压带的外侧放置供压路机行驶的垫木，碾压时压路机位于已压实的混合料层上，伸入新铺层的宽度为15cm，然后每压一遍向混合料移动15～20cm，直至全部在新铺层上为止，再改为纵向碾压。当相邻摊铺层已经成型，同时又有纵缝时，可先用钢筒式压路机沿纵缝碾压一遍，碾压宽度15～20cm，然后再沿横缝作横向碾压，最后进行正常的纵向碾压。

10.3.2 碾压

1. 根据气候、碾压厚度、碾压面积，应选择合理的压路机组合方式及碾压步骤，以达到最佳碾压结果。沥青混合料压实宜采用钢筒式静态压路机与轮胎压路机或振动压路机组合的方式压实。

2. 沥青混凝土的压实最大厚度不宜大于10cm。

3. 压实应按初压、复压、终压（包括成形）三个阶段进行。压路机应以慢而均匀的速度碾压，压路机的碾压速度应符合相关规定。

4. 碾压温度应根据沥青和沥青混合料种类、压路机、气温、层厚等因素经试压确定。

5. 应向压路机轮上喷洒或涂刷含有隔离剂的水溶液，喷洒应呈雾状，数量以不粘轮为准。

6. 压路机在行进、折返中严禁刹车和急停，应慢开起步，以免引起摊铺层表面的推移。压路机不得在未碾压成型路段上转向、掉头、加水或停留。在当天成型的路面上，不得停放机械设备或车辆，不得散落矿料、油料及杂物。

7. 路面边缘及港湾式停车带等部位，宜采用小型振动压路机或振动平板夯作补充碾压，见图10-8。

图10-8 小型振动压路机压实路面边缘

8. SMA、OGFC和SBS沥青混合料的压实应符合下列规定：

（1）SMA混合料宜采用振动压路机或钢筒式压路机碾压。

（2）SMA混合料不宜采用轮胎压路机碾压。

（3）OGFC混合料宜用12t以上的钢筒式压路机碾压。

（4）当初压温度过低时，SBS改性沥青黏度高，难以压实，如过度碾压就会出裂缝。所以，应尽可能的刚摊铺完就紧跟碾压。复压温度在140～160℃时能得到较高的压实度，终了碾压温度严格控制在90℃以上。

10.3.3 接缝

1. 纵向热接缝施工操作

（1）沥青混凝土路面接缝应紧密、平顺，上下层接缝部位应错开150mm以上。

（2）纵向热接缝施工时应将已铺部分留下100～200mm宽暂不碾压，作为后续部分的基准面同时碾压，见图10-9。

2. 纵向冷接缝施工操作

（1）冷接缝应采用切缝处理，保证接缝紧密、平直；上下层的纵缝应错开300～400mm。

（2）分幅施工时，应根据路幅宽度和车道数调节好摊铺机的宽度，宜使面层纵向接缝设在行车标志线下，见图10-10。

图10-9　纵向热接缝

图10-10　纵向冷接缝

3. 横向接缝施工操作

（1）相邻两幅的横向接缝应错开10m以上，上下层的横向接缝应错开1m以上。

（2）城市快速路、主干路中下层的横向接缝可采用斜接缝，上面层应采用垂直的平接缝。平接缝宜采用机械切割或人工刨除层厚不足部分。清除切割时留下的泥水，干燥后涂刷粘层油。铺筑新混合料前应对茬面进行预热，先横向碾压，再纵向充分压实，连接平顺，见图10-11。

图10-11　横向接缝

10.4 防沉降检查井盖

为解决城市道路检查井井盖标高不易控制、井周沥青面层难以碾压密实的困难，防止检查井沉陷、井周破裂等常见质量问题，宜采用自调式防沉降井盖。检查井井盖受力工作原理见图10-12。

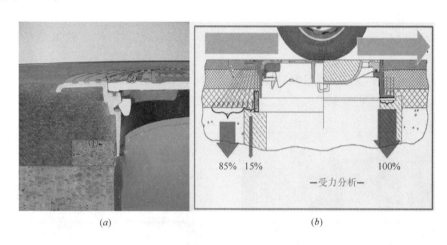

图 10-12　自调式防沉降井盖工作原理
(a) 井盖限位圈；(b) 防沉降井盖

10.4.1　准备工作

1. 制作安装框。安装框主要用于沥青摊铺后临时插入限位圈，井周填补沥青时，防止沥青混合料落入检查井内，见图10-13。

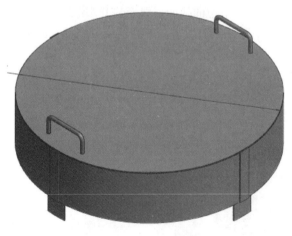

图 10-13　检查井盖安装框

2. 安装方法

（1）为保证井盖能顺利插入井盖限位圈内一定深度（一般不宜小于10mm），应控制检查井壁顶标高（即限位圈底部）与设计路面间距，一般为100～150mm，见图10-14。

（2）当检查井壁顶至路面标高不足100mm时，应适当降低井盖限位圈标高，可采用下图类型的限位圈，见图10-15。

（3）井壁顶标高过高或过低

1）井壁顶至路面标高小于5mm的，应将井壁顶部高出部分凿除，降低井壁顶标高以满足井盖安装要求后，再安装防沉降井盖。

2）井壁顶至路面标高大于150mm的，可采用预制标准混凝土圈适当提升井壁顶标高，再安装防沉降井盖。防沉降检查井盖必须在井壁提升的混凝土达到一定强度后，方可施工，见图10-16。

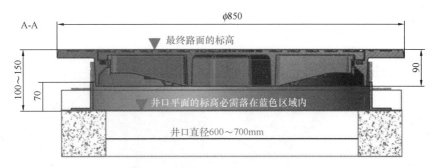

图 10-14　防沉降井盖正常安装

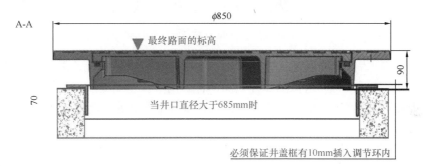

图 10-15　防沉降井盖特殊安装方式

图 10-16　预制标准混凝土圈

10.4.2　井盖施工

1. 新建道路沥青面层厚度较大，为了保证面层碾压密实度，检查井周沥青面层必须分层摊铺碾压，并适当增加虚铺厚度。沥青底面层摊铺时，先在井口放置钢板，待摊铺机全幅摊铺后去除钢板上沥青混凝土，挖出钢板。

2. 放入限位圈，插入安装框后回填沥青至摊铺高度，然后取出安装框，放入自调式井盖，再由压路机压实，沥青底面层摊铺碾压完成，见图 10-17。

3. 为了保证检查井盖周边及下方沥青混凝土的密实度，沥青中、上面层施工时，应适当增加沥青混凝土虚铺厚度。

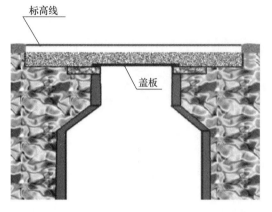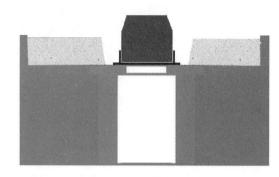

图 10-17　检查井周沥青底面层摊铺碾压

（1）摊铺前插入防沉降井盖，摊铺机整体全幅摊铺后去除沥青，再挖出井盖。

（2）放入安装框，将周边低陷部分填满沥青并刮平。适当增加安装框周沥青混凝土厚度约 2cm，由内而外均匀形成中心略高、四周逐渐降低至正常沥青混凝土标高的沥青混凝土堆，见图 10-18。

（3）将安装框摇松拔出，重新放入井盖，用压路机整体碾压成型，见图 10-19。

图 10-18　安装框周边低陷部分填满沥青并刮平　　　　图 10-19　井盖与沥青混凝土同时压实

第11章 人行道铺砌

11.1 面层

11.1.1 预制砌块

1. 铺砌前应根据人行道设计宽度和标高准确放样，并根据所用铺砌块尺寸和规格确定模数，放线。直线段样桩纵向间距以10m为宜，横向视宽度而定，一般为2~5m。曲线段的铺砌，应根据设计图样和现场实际，结合铺砌块尺寸，确定分段模数和铺砌顺序。

2. 将基层表面清扫干净，并浇水湿润，略干后铺干硬性水泥砂浆结合层。

3. 铺砌应从立缘石一侧开始。铺砌时用橡皮锤多次振击，使表面保持平整，用3m直尺控制平整度，校验方向按横向、纵向及45°方向同时进行，保证纵横缝直顺，相邻块缝隙均匀一致，见图11-1。

图11-1 道板铺设

4. 铺砌交叉口人行道时，应严格按照图样设计的要求进行施工。先将直线段的人行道块铺砌到人行道的起弯点，然后将人行道弯道平均分段，铺砌成内窄外宽的放射状，见图11-2。

5. 路面铺好后，再撒上少量干水泥并扫入缝隙中，使缝隙饱满，最后将多余灰浆清扫干净。严禁在方砖面上涂抹砂浆。

6. 施工完成后，必须封闭交通，并应湿润养护，当水泥砂浆达到设计强度后，方可开放交通。

图11-2 弯道人行道板

11.1.2 料石面层

1. 根据设计要求和场地具体情况，绘制铺设大样图，确定料石铺设方式，石材选用尺寸和数量。

2. 基层必须均匀密实，表面不得有浮土、杂物和积水。

3. 所用的料石表面清洁干净。如果结合层为水泥砂浆，石料在铺砌前先浇水湿润，见图11-3。

4. 直线段铺砌时，确定横向轴线，依次放出方格网控制线。

5. 曲线段铺砌时，应根据施工图和实际测量计算结果按比例绘制大样图，确定曲线段内的石材分块后进行施工。

6. 遇到检查井、树池、杆线等建（构）筑物时，根据现场分块编号，将石材加工或用角向切割成异型板进行铺筑。

7. 石材道板铺装完成后，应及时洒水养护，见图11-4。

图11-3 石材道板铺装

图11-4 石材道板洒水养护

8. 收缩缝留置：预防石材热胀冷缩使道板变形，每隔5～6m留置一道横向8～10mm收缩缝，收缩缝用膨胀条填充，见图11-5。

图11-5 人行道伸缩缝留置

9. 铺砌块与建（构）筑物接顺处理

（1）应按设计标高、横坡、纵坡并结合现场实际情况调整和控制检查井井圈和建（构）筑物边缘高程。然后根据铺砌块尺寸所确定的模数进行铺砌，当邻近边缘的铺砌块小于模数块的 1/2 且切断块有锐角时，禁止使用切断块。

（2）应处理好杆线、缘石等边缘部位的基层，保证基层密实稳定。铺砌块施工时，根据铺砌块尺寸在杆线、缘石等边缘部位留出空缺位置，使留出位置的边线与路面立缘石平行，杆线周边留出的空缺位置应呈矩形。

11.1.3 透水混凝土

1. 透水混凝土应采用集中厂拌，施工配合比应符合设计要求。

2. 人行道基层施工的同时应进行专用透水管道的铺设，透水管道除按图样要求铺设外，必须与原道路排水系统相连接，成为道路排水系统的一部分。

3. 按设计要求进行分隔立模及区域立模，立模时须注意高度、垂直度、泛水坡度等符合规范要求。

4. 人行道大面积施工采用分块隔仓方式进行，摊铺物料其松铺系数为 1.1。将混合料均匀摊铺在工作面上，用刮尺控制平整度和泛水度，采用平板振动器或人工捣实，不宜采用高频振动器，见图 11-6。

图 11-6　透水混凝土施工

5. 当气温高于 35℃ 时，施工时间应避开中午，宜在早晚进行施工，混凝土摊铺厚度大于 20cm 时，应分两次摊铺，下部厚度宜为总厚度的五分之三。

6. 铺摊振捣完成且经检验达到要求后，宜立即覆盖塑料薄膜进行养护，保持湿润，养护时间不少于 7d。气温较高时养护期不少于 14d，低温时养护期不少于 21d，见图 11-7。

图 11-7　透水混凝土覆盖塑料薄膜养护

7. 在透水混凝土达到设计强度的 60%～80%时，先将混凝土表面进行清洁处理，表面完全干燥后，均匀喷涂封闭剂，见图 11-8。同时做好现场维护工作，防止表面污染，等到完全干燥后方可使用。

图 11-8　喷涂封闭剂后透水混凝土

11.2　树池

1. 树池边框、树篦均应按设计要求进行施工，而且与人行道砖平齐或凸出高度一致。

图 11-9　树池铺砌

2. 树池宜与人行道同步施工，应先确定树池位置。树池应挂线操作，以两侧路缘石顶为准，挂纵向与横向高程线，依据设计图样安装树池边框，确保其位置准确，外形方正。

3. 安装树池及绿化带侧石时，开槽宽度应控制在大于设计宽度 5cm 左右，所产生的空隙采用水泥砂浆或细石混凝土填充，使之密实饱满，见图 11-9。

11.3 无障碍设施

11.3.1 一般要求

1. 当行进盲道要向左或右转时，在转角处要铺设不小于行进盲道宽度的提示盲道。

2. 当行进盲道有十字交叉的路线时，在交叉位置要铺设不小于行进盲道宽度的提示盲道。

3. 人行道、过街天桥、过街地道、室外通路、建筑入口等处，在距台阶和坡道0.25～0.40m处要铺设提示盲道，铺设的宽度为0.30～0.60m，铺设的长度要大于台阶或坡道宽度的1/2。

11.3.2 盲道安砌

1. 盲道砖和提示盲道安砌前，应根据实际情况确定盲道位置，并于人行道砖一并测量放线，确定盲道砖和提示盲道的位置、走向，保证盲道贯通、连续，中途不得有电线杆、指路牌、树木、检查井、树池等障碍物，设置宽度应大于50cm；盲道与立缘石、人行道边线建（构）筑物的水平距离应为250～500mm；铺砌方法与普通路面砖相同，铺筑时应注意行进盲道砌块与提示盲道砌块不得混用，见图11-10。

图11-10 盲道铺砌

2. 盲道砖在平面位置遇有障碍物时应协调障碍物权属单位进行改移、拆除。若不能改移、拆除时，盲道砖应绕行，并应在障碍区相距外边缘250～500mm处设置提示盲道。

3. 路口处盲道应铺设为无障碍形式。人行道盲道遇到十字走向、T字走向和L走向且处于同一平面时，位于坡面上的盲道砖和提示盲道砖除按上述有关条款要求进行施工外，还应考虑残疾人乘坐轮椅时通过的需要，并按要求进行衔接。

第 12 章 路缘石

12.1 一般要求

1. 施工前应清理基层，并进行测量和放线。一般直线段每 10m 为一控制段，曲线段每 3m 为一个控制段。

2. 路缘石基础宜与相应的基层同步施工。

3. 路缘石应以干硬性砂浆铺砌，砂浆应饱满、厚度均匀。路缘石砌筑应稳固、直线段顺直、曲线段圆顺、缝隙均匀；路缘石灌缝应密实，平缘石表面应平顺不阻水。

12.2 缘石

12.2.1 立缘石施工

1. 在铁钢钎控制桩标定高程处沿路面纵向拉通线，以通线为基准，向人行道一侧刨槽，槽宽比立缘石厚度约宽出 5cm。

2. 立缘石安砌允许偏差：直顺度≤10mm，相邻块高差≤3mm，缝宽小于 3mm，立缘石安装见图 12-1，混凝土抗肩施工见图 12-2。

图 12-1 立缘石安装

图 12-2 混凝土抗肩施工

3. 弯道部分应采用满足岛头弯曲半径模数的预制弯道路缘石砌筑，不宜在现场切割拼装路缘石，见图 12-3。

4. 八字道口、渠化安全岛立缘石安砌遇到无障碍设施时，立缘石顶面高程降坡应与人行道路面降坡一致，相邻边衔接平顺，见图 12-4。

图 12-3 圆弧形路缘石

图 12-4 路缘石降坡

12.2.2 平缘石施工

1. 安砌前应按设计要求测量放线、放坡。道路纵坡≥0.3％时，应使平缘石的纵坡与道路一致；道路纵坡＜0.3％时，应按设计要求加密雨水口或锯齿形偏沟，平缘石纵坡不小于0.3％。

2. 平缘石应以雨水口为中心向两侧安砌，见图 12-5。

3. 平缘石应在沥青摊铺前将安砌到位。相邻缘石应密拼，不宜留缝，见图 12-6。

4. 路口段，事先计算好每段路口侧平石块数，调整块应采用机械切割成型。平石安装时要与盖板顺接，线条直顺，曲线圆滑美观。

5. 勾缝前，先将缝内的土及杂物剔除干净，并用水润湿，然后用 M10 砂浆灌缝填充密实后勾平，用弯面压子压成凹型。用软扫帚除去多余灰浆，并适当洒水养护。

6. 平缘石安装完成后及时安装立缘石并浇筑混凝土支撑，及时回填夯实路肩和绿化带后背的回填土。还土夯实宽度不宜小于 50cm，高度不宜小于 15cm，压实度不得小于 90％。

图 12-5　雨水箅两侧平缘石

图 12-6　平缘石安装

第13章 道路出新改造

13.1 一般要求

1. 白天不宜安排铣刨、摊铺和压实等大型机械施工作业，宜安排路面切割、破碎以及局部路面病害处理等施工；夜间道路交通量较小，可安排沟槽开挖、管道安装、沟槽回填以及路面铣刨、沥青摊铺等工序作业，施工期间应做好临时交通疏导和噪声防控。

2. 城市道路地下管线错综复杂，新增管线施工前应仔细复核设计图样中既有管线的种类和位置，具体程序如下：

（1）施工前应召集工程涉及的市政排水、供水、燃气、热力、供电、通信、路灯等地下管线的产权单位和管理单位，召开管线协调会议，明确各类管线的种类、数量、位置和开挖保护要求。

（2）正式开挖前，应采用人工探挖的方式，对各类管线实地确认，与产权和管理单位明确一致后，方可进行正式开挖，否则应在进一步探明管线实际位置后方可开挖。

（3）施工过程中应注意对现有管线的保护，加强管线交底和技术交底工作，严格落实对管线的保护措施。遇有不明管线时应立即停止施工，并通知相关产权和管理单位到场调查清楚后方可继续施工。

3. 不能中断现有道路交通的道路出新工程，应按照单元施工法要求，根据实际生产施工能力、材料养生时间等因素合理划分施工单元，逐一推进。

4. 车行道沟槽分层回填压实后，采用钢板覆盖的方式开放交通，钢板应与路面平整贴合，无翘起变形，两端以减速带固定，见图 13-1。

图 13-1 沟槽钢板覆盖减速带

13.2 路面病害处理

13.2.1 裂缝

对于表面有小于3mm的纵、横向轻微裂缝，可采用扩缝灌浆的方式处理，见图13-2；错台、剥落、破碎和较严重的裂缝部位应破除，并根据基层的质量状况确定是否整体翻挖后重新铺筑。

图 13-2　沥青灌缝

13.2.2 沟槽沉陷

沉陷沟槽两边加宽挖除至管道部位（图 13-3），分层回填压实至路面结构层底，并满铺土工格栅后铺筑路面结构层，新旧沥青面层搭接部位两侧各 30cm 用聚酯经编加筋复合防裂布加固，见图 13-4。对管道埋深小于 70cm 的，应采用混凝土全包封的方式对管道进行加固保护。

图 13-3　沟槽两边加宽挖除　　　　　　　图 13-4　聚酯经编加筋复合防裂布

13.2.3 深层病害处理

对于沉井、顶管等深层病害处理，整体开挖确有困难的，应采取物探等措施排除地下空洞后采用注浆的方式进行深层处理，见图 13-5。注浆时应控制好注浆量和水灰比，注浆时打开周边检查井观察是否有浆液漏出，注浆结束封堵管头开放交通。

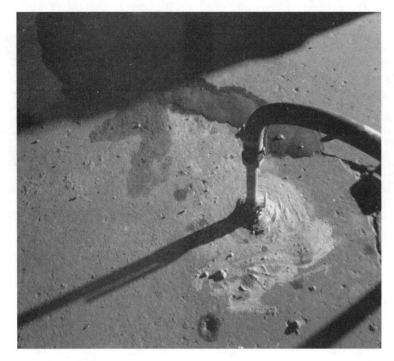

图 13-5　注浆

13.3　检查井处理

1. 开挖

首先将原有旧井盖框挖出，开挖最小直径为：675mm（安装框口直径）＋冲击夯夯头的宽度；开挖深度：测量井口是否在要求的高度，确保在 100～150mm 范围，对于检查井周边已发生沉陷的，井周开挖后应人工分层回填压实，见图 13-6。

2. 井口整理

保证切边整齐美观，井口清洁、平整，见图 13-7。

图 13-6　检查井周边人工回填夯实

图 13-7　井口整理

3. 放置限位圈及安装框

在完成上述工序后进行。将限位圈及挖坑的表面涂上黏层油（图13-8），安装框表面涂上防黏剂，见图13-9。

图13-8　限位圈及挖坑的表面涂黏层油

图13-9　安装框表面涂上防黏剂

4. 第一层沥青摊铺

在坑槽内填入沥青混合料（约5～8cm厚）逐层夯实至标高线下方30～40mm（该高度决定了最后一次面层摊铺时的沥青抛高厚度，也决定了最终井盖装完后的路面表观）。每层沥青在紧实过程中必须保证沥青的紧实度≥97％，见图13-10。

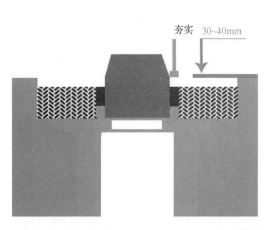

图13-10　填充沥青并夯实

5. 上面层沥青摊铺

（1）插入安装框，将坑槽内低陷部分填满沥青混凝土并刮平。适当增加安装框周边沥青混凝土厚度约2cm，由内而外均匀形成中心略高、四周逐渐降低至正常沥青混凝土标高的沥青混凝土堆，见图13-11。

（2）垂直将限位桶小心地取出，避免破坏周围的沥青，见图13-12。

（3）将防沉降井盖对应预制沥青结构小心垂直放入，使用压路机将井盖与沥青路面一同碾压，使之与路面浑然一体，见图13-13。

图 13-11　安装框周围沥青夯实

图 13-12　取出安装框

图 13-13　防沉降井盖安装与碾压

13.4 沥青面层出新

1. 摊铺前准备工作

（1）沥青混凝土路面病害已处理到位。

（2）沥青混凝土面层整体铣刨之前，应按照设计铣刨深度设置控制点，路幅较宽的路段还应加密控制点，防止铣刨深度深浅不一。为了控制铣刨过程中和开放交通后的扬尘，防止污染环境，应边铣刨边用路面清洗机清洗浮渣。

（3）路面铣刨标高、横坡度符合设计要求，路面凹凸部位应进行局部铣刨、凿除或找平，使得满足最小摊铺厚度要求，沥青铣刨必须到边到角，见图13-14。

（4）沥青摊铺应提前一天对铣刨的路面进行全面冲洗清扫，清除碎石、混凝土块等杂物，摊铺当天应提前3h全部清扫清洁，路面干燥无水渍，方可喷洒粘层沥青，见图13-15。

图13-14　路面铣刨

图13-15　沥青铣刨后清扫

（5）道路下面层或水稳基层病害必须全部处理到位。对翻挖部位的碎石垃圾等杂物必须清除干净，并采用沥青碎石或其他材料找平。

2. 沥青面层摊铺

沥青面层摊铺参照第3篇第10章相关内容。

第4篇　排　水　工　程

第 14 章　土方工程与地基基础

14.1　施工准备

14.1.1　一般规定

1. 施工单位施工前应取得施工影响范围内的地下管线（构筑物）及其他公共设施资料，采取措施加以保护。

2. 槽底宽度、沟槽深度、分层开挖高度、各层边坡应确保工程质量和安全以方便管道结构施工，并减少挖方和占地。

3. 涉及施工降水、围堰、深基坑（槽）开挖与围护、特殊地基处理等参照本书对应章节。

14.1.2　主要施工机械

土石方与地基处理施工前，根据工程实际需要提前准备好各类工程机械设备，常用的有路面切割机、挖掘机、装载机、渣土运输车、压路机、蛙式打夯机、平板振动夯等（图14-1）。

(a)　　　　　　　　　　　　　　*(b)*

(c)　　　　　　　　　　　　　　*(d)*

图 14-1　排水工程施工常用机械设备

(a) 切割机；*(b)* 挖掘机；*(c)* 拉森钢板桩打桩机；*(d)* 装载机

图 14-1　排水工程施工常用机械设备（续）

（e）渣土运输车；（f）振动压路机；（g）小型压路机；（h）冲击（蛙式）夯；（i）平板夯

14.2　沟槽开挖

14.2.1　沟槽底部宽度

（1）管道沟槽底部开挖宽度应按设计和规范要求加以确定；

（2）管道底部开挖宽度 B 应符合设计要求；设计无要求时，可按以下公式计算确定：

$$B = D_0 + 2(b_1 + b_2 + b_3)$$

式中　B——管道沟槽底部开挖宽度（mm）；

　　　D_0——管外径（mm）；

　　　b_1——管道一侧工作面宽度，可参照规范选取；

　　　b_2——有支撑要求时，管道一侧支撑厚度，可取 150～200mm；

　　　b_3——现场浇筑混凝土一侧模板厚度（mm）。

B 组成示意图如图 14-2 所示。

14.2.2　沟槽支护

1. 沟槽支护应综合考虑沟槽深度、土质、地下水及平面尺寸、施工场地及周围环境要求、施工设备、工艺及工期等因素，选用相应的支护结构。

2. 采用钢板桩支撑时，应通过计算确定钢板桩入土深度和横撑位置，横梁、围檩与钢板桩的间隙应垫实，连接牢固（图 14-3）。

3. 支撑拆除应与回填土的填筑高度配合进行，拆除之后应立即回填；多层支撑的沟槽应待下层回填完成后再拆除上层支撑。

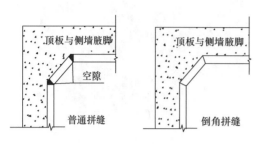

图 14-2　管道沟槽开挖宽度 B 组成示意图　　　　图 14-3　钢板桩支撑沟槽

14.2.3　开挖施工

1. 一般要求

（1）沟槽正式开挖前，应对沟槽上方及两侧杂物、渣土等进行全面清理（图 14-4），根据沟槽开挖专项施工方案确定的开挖宽度，用石灰在地面放出沟槽开挖边线（图 14-5）。为保证安全和防范不可预见的因素，有条件的开挖宽度可各放宽 0.5～1.0m。开挖基坑（槽）、管沟时，应按施工方案确定的开挖顺序和线路组织分段开挖，开挖边坡应符合相关规范及专项施工方案规定，直槽开挖必须设置支撑。

图 14-4　沟槽上方施工区域清理　　　　　　　图 14-5　施工放线

（2）机械挖槽前应向作业人员详细交底，交代挖槽断面、堆土位置、现有地下管线与构筑物位置及保护注意事项等，并由专人指挥，同时安排测量人员同步测量，防止超挖或欠挖。沟槽较深时，应分层开挖（图 14-6）。

（3）挖掘机在地面架空线附近开挖土方时，应根据架空线的不同性质保持一定安全距离。挖掘机在边坡上行走时，应根据土方性质和边坡支撑情况，与边坡边缘保持一定安全距离。

图 14-6　沟槽分层开挖

（4）人工开挖基坑（槽）、管沟时，其深度不宜超过 2m，开挖时必须严格按放坡规定开挖，直槽开挖必须加支撑。

（5）堆土应堆在距槽边 1m 以外，材料堆放在另一侧。两侧不具备堆土条件时，应选择堆土场地，随挖随运。

（6）靠近高压线、变压器、房屋、围墙、管线等位置堆土时，应保证构筑物的安全。

2. 沟槽开挖与现有管线交叉时，开挖前建设单位应提前召集管线产权和管理单位召开管线协调会议，明确各类管线的种类、数量、位置和开挖保护要求。施工前人工探挖对各类管线实地确认，施工过程中加强管线保护，各类管线保护措施须征得管线产权和管理单位同意后方可实施。遇有不明管线应立即停止施工，并通知有关单位到场调查清楚后方可继续施工。

3. 沟槽开挖放坡基坑（槽）、管沟时，应分层按坡度要求做出坡度线，每隔 3m 左右做出一条，进行修坡。机械开挖过程中随挖随机械配合人工修坡。机械开挖时槽底预留 200～300mm 土层由人工开挖至设计高程，整平，压实（图 14-7）。

4. 槽底局部扰动或受水浸泡时，采用天然级配砂砾石或石灰土回填。槽底土层为杂填土、腐蚀性土时，应全部挖除并按设计要求进行地基处理（图 14-8）。

图 14-7 边坡修整

图 14-8 级配砂砾石回填槽底

14.3 地基处理

1. 基坑（槽）底土层为杂填土、腐蚀性土时，应全部挖除并按设计要求进行地基处理。

2. 基坑（槽）底局部超挖发生扰动，超挖深度不超过 150mm 时，可用挖槽原土回填夯实，其压实度不应低于原地基土的密实度。

3. 施工过程中应注意基坑（槽）的降排水问题，避免基坑（槽）底泡水造成扰动和塌方。

4. 排水不良造成地基土扰动时，宜采用级配砂砾、碎石或石灰土换填处理。

5. 基坑（槽）底为淤泥或淤泥质土时，可根据淤泥深度不同采用块石灌浆基础（淤泥深度大于 30cm）或块石基础（淤泥深度 0～30cm），两侧各放宽 20cm 块石灌浆基础或块石基础，根据深度采取 1∶1 放坡。

14.4 沟槽回填

14.4.1 一般规定

1. 压力管道水压试验前，除接口外，管道两侧及管顶以上回填高度不应小于500mm，水压试验合格后及时回填其余部分；无压管道在闭水或闭气试验合格后及时回填。

2. 基坑（槽）内砖、石、木块等杂物应清除干净，疏干无积水后方可进行，不得带水回填。回填材料可选用基槽内挖出的土，但应符合设计及施工规范要求，否则应进行翻挖晾晒和掺灰处理，回填土最佳含水率应通过试验确定。

3. 回填材料运入槽内时不得损伤管道及其接口，沟槽底至管顶以上500mm的范围均应采用人工还土，超过管顶500mm以上可采用机械还土，还土应从沟槽两侧对称运入，不得直接回填在管道上。需要拌合的回填材料，应在运入前拌合均匀，不得在基坑（槽）内拌合。

4. 每层土压实机具、压实遍数、虚铺厚度和含水量，应经现场试验确定。虚铺厚度根据不同的压实机具一般不宜大于表14-1要求。沟槽两侧应采用冲击夯、平板夯等小型压实设备压实（图14-9）。

每层回填土的虚铺厚度   表14-1

压实机具	轻型压实设备	压路机	振动压路机
虚铺厚度（mm）	200～250	200～300	≤400

图14-9　小型压实设备压实

5. 管道基础必须垫稳，管底坡度不得倒流水。安装精度要求比较高的管道，宜采用临时限位措施防止管道产生位移。管顶1m以上可用压路机碾压，压路机应从管轴线两侧同时均匀进行，碾压的重叠宽度不得小于200mm，行驶速度不得超过2km/h。

6. 检查井井室周围应与管道沟槽回填同时进行，否则应留搭接台阶，检查井基坑应满足压实机械最小工作空间。回填压实时，应采用冲击夯、平板夯沿井室中心对称进行，不得漏夯，回填材料压实后应与井壁紧贴（图14-10）。

图 14-10 检查井井周压实

7. 回填后应按规范规定的频率逐层进行压实度检测，压实度满足规范要求（图 14-11）。

14.4.2 刚性管道沟槽回填

1. 钢筋混凝土排水管道沟槽回填应在管道混凝土基础强度、接口抹带的接缝水泥强度达到 5MPa，闭水试验或闭气试验合格后进行。

2. 管道基础为土弧基础时，应填实管道支撑角范围内腋角部位；压实时，管道两侧应对称进行，且不得使管道位移或损伤。

图 14-11 压实度检测

3. 管道两侧和管顶以上 500mm 范围内胸腔夯实，应采用轻型压实机具，管道两侧压实面的高差不应超过 300mm。同一沟槽中有双排或多排管道的基础底面位于同一高程时，管道之间的回填压实应与管道与槽壁之间的回填压实对称进行；同一沟槽中有双排或多排管道但基础底面的高程不同时，应先回填基础较低的沟槽，回填至较高基础底面高程后，再按以上规定回填。

4. 接口工作坑回填时底部凹坑应先回填压实至管底，然后与沟槽同步回填。

5. 管线留口端应采取砖砌等临时封堵措施，防止土、杂物进入管内，待重新施工时拆除。

14.4.3 柔性管道沟槽回填

1. 柔性管道回填前，检查管道有无损伤或变形，管内径大于 800mm 的柔性管道，回填施工中应在管内设竖向支撑。

2. 管基有效支承角范围应采用中粗砂填充密实，并与管壁紧密接触，不得用土或其他材料填充。管道半径以下回填时应采取防止管道上浮、位移的措施。

3. 管道回填时间宜在一昼夜中气温最低时段，从管道两侧同时回填，同时夯实。

4. 管道安装覆土到设计标高后即应对管道变形进行检测。对于人不能进入管内的管道可采用圆度测试板或芯轴仪管内拖拉法进行检测；人能进入管内的管道可直接进入管内检测其实际变形值。

5. 埋地塑料管道在外荷载作用下，管径竖向直径变形率应小于管材的允许直径变形率（图 14-12）。管材的允许直径变形率不得大于 5%。

图 14-12　管道变形率测定

第15章 管道安装工程

15.1 管道基础

15.1.1 原状土地基

1. 原状地基为岩石或坚硬土层时，管道下方应铺设砂垫层，其厚度应符合表 15-1 的规定。

砂垫层厚度   表 15-1

管道种类/管外径	垫层厚度（mm）		
	$D_0 \leqslant 500$	$500 < D_0 \leqslant 1000$	$D_0 > 1000$
柔性管道	$\geqslant 100$	$\geqslant 150$	$\geqslant 200$
柔性接口的刚性管道	$150 \sim 200$		

2. 岩石地基局部超挖时，应将基底碎渣全部清理，采用低强度等级混凝土或粒径 10～15mm 的砂石回填夯实。

15.1.2 混凝土基础

1. 混凝土平基与管座宜分两次浇筑，模板分两次支设，每次支设高度宜略高于混凝土的浇筑高度（图 15-1）。平基和管座的混凝土应满足设计要求，设计无要求时，宜采用强度等级不低于 C15 的低坍落度混凝土。平基与管座采用垫块法一次浇筑时，必须先从一侧灌注混凝土，直至对侧混凝土漫过管底与灌注侧混凝土高度相同时，两侧再同时浇筑，并保持两侧混凝土高度一致（图 15-2）。

图 15-1 管座支模分层浇筑

2. 管座与平基分层浇筑时，应先将平基凿毛冲洗干净，并将平基与管体相接触的腋角部位，用同强度等级的水泥砂浆填满、捣实后，再浇筑混凝土，保证管体与管座混凝土结合严密。

3. 管道基础应按设计要求留变形缝，变形缝的位置应与柔性接口相一致。

4. 管道平基与井室基础宜同时浇筑，跌落水井上游接近井基础的一段应砌砖加固，并将平基混凝土浇至井基础边缘（图 15-3）。

5. 混凝土浇筑中应防止离析，浇筑后应进行养护，强度低于 1.2MPa 时不得承受荷载。

图 15-2　灌注混凝土

图 15-3　样板展示

15.1.3　砂石基础

1. 管道铺设前应先对槽底进行检查，槽底不应有积水和软泥。

2. 柔性管道的基础结构设计无要求时，宜铺设厚度不小于 100mm 的中粗砂垫层；软土地基宜铺垫一层厚度不小于 150mm 的砂砾或 5～40mm 粒径碎石，其表面再铺厚度不小于 50mm 的中、粗砂垫层。

3. 柔性接口的刚性管道的基础结构，设计无要求时一般土质地段可铺设砂垫层，亦可铺设 25mm 以下粒径碎石，表面再铺 20mm 厚的砂垫层（中、粗砂），垫层总厚度应符合表 15-2 的规定（图 15-4）。

图 15-4　砂石基础

柔性接口刚性管道砂石垫层总厚度　　表 15-2

管径（mm）	300～800	900～1200	1350～1500
垫层总厚度（mm）	150	200	250

4. 管道有效支承角范围必须用中、粗砂填充插捣密实，与管底紧密接触，不得用其他材料填充。

15.2　管道安装

15.2.1　一般规定

1. 管道安装沟槽回填前，应做好临边警示标志（图 15-5）。

2. 管材运输、安装过程中应做好保护，下管时用专用吊钩或柔性吊索，严禁用钢丝绳穿入管内直接起吊，平吊轻放，避免扰动基底、管材相互碰撞（图 15-6）。

图 15-5　警示标志　　　　　　　　图 15-6　管道安装

3. 管节安装前应将管内外清扫干净，安装时应使管道中心及内底高程符合设计要求，稳管时必须采取措施防止管道发生滚动。

15.2.2　钢筋混凝土平口管

1. 钢丝网水泥砂浆抹带接口材料应选用粒径 0.5～1.5mm，含泥量不大于 3% 的洁净砂，网格 10mm×10mm、丝径为 20 号的钢丝网，水泥砂浆配比满足设计要求。

2. 抹带前应将管口的外壁凿毛、洗净。钢丝网端头应在浇筑混凝土管座时插入混凝土内，在混凝土初凝前，分层抹压钢丝网水泥砂浆抹带；抹带完成后应立即用吸水性强的材料覆盖，3～4h 后洒水养护；水泥砂浆填缝及抹带接口作业时落入管道内的接口材料应清除（图 15-7）。

表面凿毛　　　钢丝网包封　　　砂浆抹带

图 15-7　平口管抹带

15.2.3 钢筋混凝土承插管

1. 橡胶圈材质应符合相关规范的规定，由管材厂配套供应，外观应光滑平整，不得有裂缝、破损、气孔、重皮等缺陷，每个橡胶圈的接头不得超过 2 个。套在插口上的橡胶圈应平直、无扭曲，应正确就位，橡胶圈表面和承口工作面应涂刷无腐蚀性的润滑剂。

2. 承插管安装前，承口内工作面、插口外工作面应清洗干净。安装时宜自下游开始，承口朝向施工前进的方向。

3. 安装后放松外力，管节回弹不得大于 10mm，且橡胶圈应在承、插口工作面上。

4. 钢筋混凝土管沿直线安装时，管口间的纵向间隙应符合设计及产品标准要求，无明确要求时应符合规范要求。

15.2.4 化学管材安装

1. 管节及管件的规格、性能应符合国家有关标准的规定和设计要求，进入施工现场时其外观质量不得有影响结构安全、使用功能及接口连接的质量缺陷，内、外壁光滑、平整，无气泡、无裂纹、无脱皮和严重的冷斑及明显的痕纹、凹陷，管节不得有异向弯曲，端口应平整。

2. 橡胶圈材质应符合相关规范的规定，由管材厂配套供应，外观应光滑平整，不得有裂缝、破损、气孔、重皮等缺陷，每个橡胶圈的接头不得超过 2 个。

3. 采用承插式（或套筒式）接口时，宜人工布管且在沟槽内连接；槽深大于 3m 或管外径大于 400mm 的管道，宜用非金属绳索兜住管节下管；严禁将管节翻滚抛入槽中。

4. 采用电熔、热熔接口时，宜在沟槽边上将管道分段连接后以弹性铺管法移入沟槽；移入沟槽时，管道表面不得有明显的划痕。刚热熔完的管道可上下矫正，但不能旋转（图 15-8）。

图 15-8　热熔焊接

5. 套筒（带或套）连接、法兰连接、卡箍连接管道连接时必须对连接部位密封件、套筒等配件清理干净，连接用的钢制套筒、法兰、卡箍、螺栓等金属制品应按设计要求进行防腐（图 15-9）。

6. 承插式柔性接口连接宜在当日温度较高时进行，插口端不宜插到承口底部，应留出不小于 10mm 的伸缩空隙，插入前应在插口端外壁做出插入深度标记；插入完毕后，承插口周围空隙均匀，连接的管道平直。

7. 电熔连接、热熔连接、套筒（带或套）连接、法兰连接、卡箍连接应在当日温度接近最低时进行；电熔连接、热熔连接时电热设备的温度控制、时间控制，挤出焊接时对

图 15-9 卡箍连接

焊接设备的操作等，必须严格按接头的技术指标和设备的操作程序进行；接头处应有沿管节圆周平滑对称的外翻边，内翻边铲平。

8. 安装完的管道中心线及高程调整合格后，管底有效支撑角范围必须用中粗砂回填密实。

15.2.5 球墨铸铁管

1. 管件与管节安装前应清除承口内部的油污、飞刺及凹凸不平处，承口的内工作面、插口的外工作面应修整光滑（图 15-10）。

2. 安装滑入式橡胶圈接口时，推入深度应达到标记环，并复查与其相邻已安装好的接口推入深度。

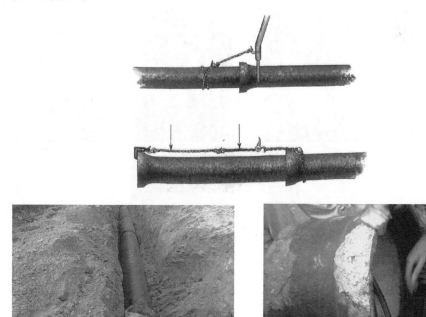

图 15-10 球墨铸铁管照片

第16章 顶管工程

16.1 准备工作

1. 调查搜集掌握施工现场水文地质条件、周边既有建筑物、构筑物以及地面上、下管线情况。

2. 严格按照设计图样进行测量放线，做好测量所需各项数据内业的收集、计算、复核工作：

（1）测定管道中心线时，应在起点、终点、平面折点、竖向折点及其他控制点测设中心桩，并应在工作坑外适当位置设置栓桩。测定中心桩时，应用测距仪或钢尺测量桩的水平距离。

（2）设定沉井轴线及其中心位置控制桩，确定基坑开挖深度及边坡。

（3）在沉井附近构筑物上设置沉降观测点，观测点应尽量选取在视线开阔、便于测量并不受施工干扰的部位（图 16-1）。

图 16-1 测量放线

16.2 工作井

顶管工作井形式多样，常用的有：钢筋混凝土沉井、钢沉井、灌注桩井、钢板桩井、钢筋混凝土倒挂井、高压旋喷支护桩井、树根桩井、钢板井等。本节仅针对钢筋混凝土沉井进行阐述。

16.2.1 一般规定

1. 沉井施工前，应检查机具设备是否完好，并搭好脚手架、作业平台，并保证其牢靠，平台四周设置栏杆，高处作业和险要的空隙处，均应设安全网。

2. 沉井施工前，应详细调查施工期间内的洪汛、凌汛、河床冲刷、通航及漂流物等情况，并根据调查情况制定具体措施，确保安全。

3. 沉井下沉前，应对沉井附近的建筑物和施工设备采取有效的防护措施，并在下沉过程中经常进行沉降观测，观察基线、基点的设置情况。

4. 沉井下沉前，应根据设计单位提供的地质资料决定是否需要增补施工勘探，为编制技术方案提供准确依据。

16.2.2 沉井制作

1. 刃脚处垫层制作

（1）垫层的结构厚度和宽度应根据土体地基承载力、沉井下沉结构高度和结构形式，经计算确定；素混凝土垫层的厚度还应便于沉井下沉前凿除。

（2）砂垫层分布在刃脚中心线的两侧范围，应考虑方便抽除垫木；砂垫层宜采用中粗砂，并应分层铺设、分层夯实。

（3）垫木铺设应使刃脚底面在同一水平面上，并符合设计起沉标高的要求；平面布置要均匀对称，每根垫木的长度中心应与刃脚底面中心线重合，定位垫木的布置应使沉井有对称的着力点（图16-2）。

（4）采用素混凝土垫层时，其强度等级应符合设计要求，表面平整。

2. 模板及脚手架工程

参照本书第2篇第4章。

3. 钢筋工程

参照本书第2篇第5章。

4. 混凝土工程

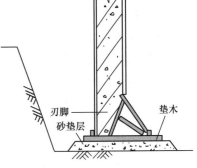

图16-2 刃脚处垫层制作示意图

（1）应采用混凝土输送泵浇筑，以保证对称、均匀浇筑，分层厚度为300mm。沉井浇筑过程中，混凝土应保持同步均匀上升，并密切注意观察沉降，若发现不均匀下沉，应及时调整，严防井壁断裂（图16-3）。

（2）沉井刃脚斜面的模板应在混凝土达到设计强度的75%以上时方可拆除。所有预埋件必须事先埋设，经验收合格，方可浇筑混凝土。在未达到规范规定的拆模强度前不得拆模。

（3）沉井混凝土浇筑过程中，应加强对沉井结构、混凝土垫层沉降、位移的监测分析，以便及时掌握结构变形动态，及早遏制不利情况发展。

（4）沉井分节制作时，上、下节井壁间设置施工缝，施工缝处应中埋2mm厚止水钢板（图16-4）。沉井接高前，应凿除施工缝表面松散混凝土，并冲洗干净，使骨料外露。

（5）其他相关内容参见本书第2篇第6章。

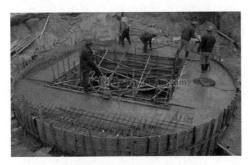

图16-3 混凝土浇筑施工

图16-4 井壁间施工缝处理示意图

16.2.3　沉井下沉

1. 下沉前准备工作

（1）沉井下沉前应封堵井壁全部预留孔洞，对较大的孔洞可用砌体封堵，并在靠土的一侧用水泥砂浆抹面。封堵孔洞用的砂浆强度应满足下沉时能抵抗土压力和水压力的要求，还要考虑便于拆除。此外，为了确保洞口安全，必要时还可在洞口封堵砌体中加设钢筋。

（2）沉井下沉前，先在内外井壁上各对称弹出 4 条垂线，以测定沉井下沉时的倾斜度。在沉井内部 4 条垂线的顶端，悬挂垂球，并在刃脚处设标盘，沉井下沉施工时，随时观测沉井偏斜，以便及时纠偏。在沉井外壁，沿 4 条垂线绘制水平测量标尺以此测定沉井的下沉量及下沉偏差。

（3）检查沉井下沉前仔细检查使用的挖土、出土、运土等机械、设备、工具是否完好，数量是否能满足要求。

（4）当沉井混凝土达到设计强度要求后方可抽掉垫木，抽除垫木时由专人指挥，分组分编号依次、对称、同步地抽除。在抽除垫木过程中，随抽随夯中粗砂，在刃脚内外侧填筑小土堤，并注意观测下沉是否均匀。

2. 素混凝土垫层凿除

（1）刃脚混凝土强度达到 100％设计强度后，开始凿除混凝土垫层。为防止沉井产生不均匀下沉或下沉量过大造成偏沉，混凝土垫层凿除须对称、同步、依次进行，凿除顺序先外后内。

（2）垫层凿除时，应尽量对垫层进行均匀分割、科学配置施工人员、合理确定凿除顺序，每组施工人员对称每拆除一段后，应立即用原土将刃脚下位置填实，在刃脚内外侧应填筑成适当高度的小土堆，并分层夯实使下沉重量传至垫层，同时要加强拆除过程中的现场观测。

3. 沉井排水下沉施工

（1）下沉过程中应进行连续排水，保证沉井范围内地层水疏干；同时应采取措施确保下沉和降低地下水过程中不危及周围建（构）筑物、道路或地下管线，并保证下沉过程和终沉时的坑底稳定。

（2）下沉挖土应采用挖掘机与人工配合的方法，井内挖土应根据沉井中心划分工作面，挖土应坚持分层、均匀、对称地进行；开挖顺序应根据地质条件、下沉阶段、下沉情况综合确定，不得超挖。

1）初沉：土方开挖时，先从沉井中间开始逐渐挖向四周，每层挖土厚度 0.4～0.5m，沿刃脚周围保留 0.5～1.0m 的土堤，然后再由人工沿沉井壁每 2.0m 一段向刃脚方向逐层全面、对称、均匀地削薄土层，每次削 0.05～0.1m，当土层经不住刃脚的挤压而破裂时，沉井便在自重的作用下挤土下沉。

2）沉：沉井下沉阶段应根据"沉多则少挖、沉少则多挖"的原则进行开挖，刃脚下挖土要逐步扩大，不能一次过量掏挖，要防止突然下沉。

3）终沉：沉井下沉至设计标高顶 1m 时，井内土体的每层开挖深度应小于 30cm，起到放慢下沉的作用，以避免沉井发生超沉和倾斜，为预防沉井下沉未能止住，在下沉过程中预备好材料（木方、石块、混凝土块等），垫压在刃脚下。沉井下沉至离设计底标高

10cm 左右时应停止挖土，让沉井依靠自重下沉到位。

（3）沉井下沉过程中，应安排专人进行观测，每小时至少 1 次，如发现沉井有倾斜、位移、沉降不均等情况应及时通知技术负责人并进行分析，采取有效措施：如摩阻力过大，应采取减阻措施（如注浆减阻）使沉井连续下沉；如遇突沉或下沉过快情况，应采取停挖或井壁周边多留土等止沉措施（图 16-5）。

图 16-5　沉管下沉挖土施工

4. 沉井不排水下沉施工（抓铲抓土下沉）

（1）对周边环境要求较高的宜采用不排水法下沉施工。

（2）采用抓铲抓土时，应先挖掘井底中央部分土，使之形成锅底，一般要求锅底比刃脚低 1～1.5m。抓铲抓土应对称进行，使沉井均匀下沉，仓内土面高差不宜过大。沉井中央锅底出土应保证均匀，下沉过程中应根据监测资料进行纠偏，当沉井偏移达到允许偏差值 1/4 时必须予以纠偏。

（3）为了便于抓铲开挖井孔周边土体，可在井孔顶部周围预埋几根钢筋挂钩。偏抓时，当抓土斗落至井底后，将抓土头张口控制钢筋绳悬挂在钢筋钩上并将抓斗提起后突然松下，抓土斗即偏向井壁落下，再收紧闭口钢丝绳即可达到偏抓的目的。

（4）若下沉困难，下沉速度过慢，潜水员可配合施工，下井摸查锅底土层情况，利用预先埋设在各梁底交叉处的冲水管用高压水枪冲刷梁底，或潜水员携带高压水枪冲刷梁底，使其底部软石坍塌，底梁掏空，下沉系数增大，确保沉井顺利下沉。这时为保证施工人员安全不应同时进行抓斗挖土与其他起吊作业。必要时还可采取控制井内水位的措施，确保下沉的顺利进行。

（5）施工中，在沉井四周设 4 个观测点，每天定时测量，一般每 4 个小时一次，测量结果的整理是以 4 个点下沉量的平均值作为沉井每次的下沉量。以下沉量最大的一点为基准与其他各点下沉量相减作为各点的高差，来指导纠偏下沉施工。沉井壁上安排专人对井下沉面标高通过测绳测量，及时反映锅底深度，控制抓泥位置和方量，确保沉井快速、平稳、安全地下沉至设计标高。

（6）本阶段沉井将下沉到位，在下沉至接近标高 1m 时，应减少吊车每斗的抓土量，避免沉井下沉结束后，锅底太深，导致一方面沉井不能按预期目标稳定，终沉标高超出规范允许误差；另一方面封底抛石过多，封底效果不理想（图 16-6）。

5. 沉井排水下沉注意事项

（1）沉井下沉位置的正确与否，初始阶段的下沉质量尤为重要，要特别注意保持其平

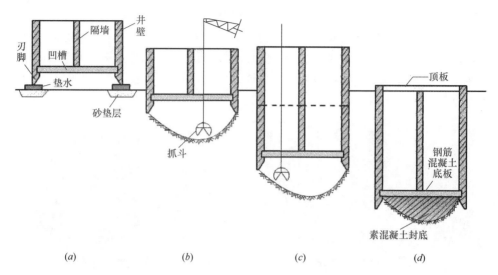

图 16-6　沉井施工程序示意图

(a) 浇筑井壁；(b) 挖土下沉；(c) 接高井壁，继续挖土下沉；

(d) 下沉到设计标高后，浇筑封底混凝土，底板和沉井顶板

面位置与垂直度的正确，以免继续下沉时不易调整。方法是在初始阶段每次取土时的取土高度控制在 0.4m 左右，当沉井下沉 2m 左右时进入正常下沉阶段。

(2) 下沉施工中必须执行"定位正确、先中后边、对称挖土、深度均衡"的原则。

(3) 采用测量技术控制井底面的下沉标高，严格控制井体标高并做好一切防超沉的措施。当沉井下沉至设计标高以上 1.0m 时，要将沉井暂停下沉 24h 左右，观察并记录沉井自由下沉量，以确定沉井停止取土下沉的高度。

(4) 当沉井下沉至设计标高以上 1.0m 时，应适当减慢下沉速度，每天不大于 0.5m。锅底开挖深度应减少，刃脚下掏土应慎重，防止突沉和超沉事故发生。

6. 沉井不排水下沉注意事项

(1) 沉井内水位应符合施工方案控制水位；下沉有困难时，应根据内外水位、井底开挖几何形状、下沉量及速率、地表沉降等监测资料综合分析调整井内外的水位差。

(2) 机械设备的配备应满足沉井下沉以及水中开挖、出土等要求，运行正常；废弃土方、泥浆应专门处置，不得随意排放。

(3) 水中开挖、出土方式应根据井内水深、周围环境控制要求等因素选择。

16.2.4　封底

1. 干封底

(1) 在井点降水条件下施工的沉井应继续降水，并稳定保持地下水位距坑底不小于 0.5m；在沉井封底前应用大石块将刃脚下垫实。

(2) 封底前应整理好坑底和清除浮泥，对超挖部分应回填砂石至规定标高。

(3) 采用全断面封底时，混凝土垫层应一次性连续浇筑；有底梁或支撑梁分格封底时，应对称逐格浇筑。

(4) 钢筋混凝土底板施工前，井内应无渗漏水，且新、旧混凝土接触部位凿毛处理，并清理干净。

（5）封底前应设置泄水井，底板混凝土强度达到设计强度且满足抗浮要求时，方可封填泄水井、停止降水。

（6）封底混凝土浇筑时采取对称、分仓均匀浇筑，浇筑顺序从里至外。

2. 水下封底

（1）基底的浮泥、沉积物和风化岩块等应清除干净；软土地基应铺设碎石或卵石垫层。

（2）混凝土凿毛部位应洗刷干净。

（3）浇筑混凝土的导管加工、设置应满足施工要求。

（4）浇筑前，每根导管应有足够量的混凝土，浇筑前能一次将导管底埋住。

（5）水下混凝土封底的浇筑顺序，应从低处开始，逐渐向周围扩大；井内有隔墙、底梁或混凝土供应量受到限制时，应分格对称浇筑。

（6）每根导管的混凝土应连续浇筑，且导管埋入混凝土的深度不宜小于1.0m；各导管间混凝土浇筑面的平均上升速度不应小于0.25m/h；相邻导管间混凝土上升速度宜相近，最终浇筑成的混凝土面应略高于设计高程。

（7）水下封底混凝土强度达到设计强度，沉井能满足抗浮要求时，方可将井内水抽除，并凿除表面松散混凝土进行钢筋混凝土底板施工（图16-7、图16-8）。

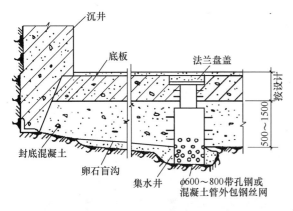

图16-7 沉井底部构造

图16-8 沉井底板施工

16.3 顶管顶进

顶管属于一种典型的不开槽管道施工工艺，其又可细分为人工顶管和机械顶管两大类。常见的泥水平衡顶管、土压平衡顶管以及气压平衡顶管等都属于机械顶管，由于篇幅所限，本节仅针对泥水平衡顶管进行阐述。

16.3.1 一般规定

1. 根据顶管工艺不同，确定工作坑型式，并编制专项施工方案。

2. 顶管单元长度应根据设计要求的井室位置、地面运输与开挖工作坑的条件、顶管需要的顶力、后背与管口可能承受的顶力，以及支持性技术措施等因素综合确定。宜减少顶管工作坑设置数量。当穿越构筑物或河道时，应根据穿越长度，确定顶管单元长度（图16-9）。

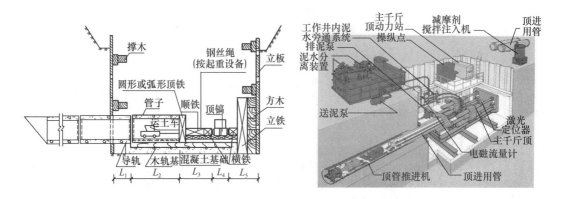

图 16-9 顶管系统示意图

3. 导轨应选用钢质材料制作,导轨下安装型钢枕铁或枕木;当井底有积水、土质松软和管径较大时,应浇筑水泥混凝土基础,基础的宽度宜比管径大 400mm,厚度可采用 200~300mm,枕铁或枕木埋入基础中一定深度;枕铁或枕木长度宜采用 2~3m,宜比导轨外缘两边各长出 200~300mm,其埋设间距可根据管重、顶力和土质选取 400~800mm;两根导轨应顺直,内距满足顶管顶进要求。

4. 顶铁应有足够的刚度,无歪斜扭曲现象,顶铁上宜有锁定装置。顶铁放置在管道两侧,中心线应与管道中心线平行、对称直顺。顶铁与导轨之间的接触面不得有泥土、油污等。更换时应先使用长度大的顶铁,减少顶铁连接数量。顶铁截面和长度比应满足平衡要求,单行顺向长度不得大于 1.5m,双行长度不得大于 2.5m,中间加横向顶铁相连。顶铁与管口间应用缓冲材料衬垫。接近设计顶推压力强度时,应采用 U 形或环形顶铁减少管节承压应力。

5. 顶进设备安装前应对高压油泵、液压油缸、液压管路控制系统、顶铁和压力表标定等进行检查。液压油缸油路应并联,每台液压油缸应有进油、退油的控制系统。液压油缸的着力中心位于管截面总高 1/4 左右处,且不小于组装后背高度的 1/3(图 16-10)。

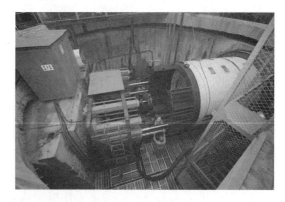

图 16-10 顶进时液压油缸使用

6. 使用一台液压油缸时,其油缸中心应与管道中心线一致,使用多台液压油缸时,宜配置油缸台架,各油缸中心线应与管道中心线对称。

7. 正式顶进前应进行设备试车,试车时工作人员不得在顶铁上方及侧面停留,注意观察顶铁有无异常迹象。刚开始顶进时应缓慢进行，待各接触部位密合后，再按正常顶进速度顶进。若顶进中发现油压突然增高，应立即停止顶进，检查原因并经过处理后，方可继续顶进。

16.3.2 人挖机顶顶管

1. 首节顶管用起重设备下井就位后，测量中线与前后两端高程，保持管节端面垂直顶管中轴线，人工在套管前端掏土，待套管前端形成略大于套管外径的圆形空间后，启动主顶液压油缸缓缓向前推动，等首节管节全部顶入后，液压缸退回到起始位置，将第二管节连接后依次顶进。顶管过程中及时纠偏、纠扭，直至顶进作业。

2. 顶管每顶进 1m 就要对顶管轴线、高程复核一次，发现与设计线形有偏差时应及时纠偏，纠偏应坚持"小纠"、"勤测"、"勤纠"的原则，每次纠偏量不要过大，遇有高低左右同时偏差时，先纠高低、后纠左右，并严格控制纠偏油泵的压力，防止油泵压力上升过快，纠偏结束后要锁紧螺旋定位器。

3. 人工挖土应在工具管内操作，以确保安全，土质容易塌方时必须随挖随顶，千斤顶及出土工作人员应听从挖土人员统一指挥。

4. 人工挖土是保证顶管质量及安全的关键。土质良好的条件下可超越管端 30～50cm，管外壁上顶允许超挖 1.5cm，但下面 135°范围内不得超挖。对地面沉降要求严格的地段，一律不得超挖。

5. 在顶进过程中遇有前方发生塌方或障碍、后背倾斜或严重变形、顶铁扭曲、管位偏差较大且校正无效，以及顶力大大超出计算顶力或管口准许顶力时，应立即停止顶进，采取措施处理完善后方可再顶。

6. 每班均应填写顶进施工记录，记录应包括顶进长度、顶力数值、管位偏差校正情况、土质水位变化及出现的问题和注意事项。交接班时，应用施工记录以文字进行交接。

7. 顶进工具管头一般直径比管子外径大 2～4cm，顶进过程中在管节和土层之间形成的空隙内压入支承和润滑介质，降低管外壁摩阻力。

16.3.3 泥水平衡顶管

1. 掘进机头完全进入土层以后，第一节管节顶进完成后，挖掘终止、液压慢慢收回，拆除电缆、泥浆管，将第二节管道吊入井内，套在第一节管道后方，连接在一起，继续顶进不断重复直至所有管道被顶入土层完毕，完成一条永久性的地下管道。

2. 掘进机在掘进过程中，宜采用激光导向控制系统。位于工作井后方的激光经纬仪发出激光束，调整好所需的标高及方向位置后，对准掘进机内的定位光靶，光靶的影像被捕捉到摄像机内，并输送到挖掘系统的计算机显示屏。

3. 处于砂性土地质条件下时，泥浆中必须添加一定的粘结剂（如膨润土等）以增加泥浆黏度，达到顺利排渣作用。

4. 一般地质条件下，泥水浆量宜为计算泥水量的 150%～200%，总注浆量应不小于管外环形空间体积的 2 倍。同时必须经常性地连续补浆，弥补泥浆的漏失，保证泥水压力平衡。

5. 为防止洞口处的水土沿工具管外壁与洞口的间隙涌入工作井，开顶前应在工作井内洞口处安装一道环形橡胶止水圈，顶进过程中应检查减摩浆从洞口流失。

6. 掘进机头出洞后应做好顶进轴线偏差控制，根据控制台显示屏激光点及时调节纠偏油缸。纠偏要做到勤出报表、勤纠偏，每项纠偏角度应保持 $10'\sim20'$，不得大于 $1°$ 防止大幅纠偏造成顶进困难、管节碎裂。

7. 施工过程中要根据土质、深度和地面沉降等，及时调整泥水压力值，保证坡度相对平稳，严格控制纠偏量。根据顶进速度、排泥量和地层变形的测量数据，及时调整注浆压力和注浆量，保持顶进轴线和地层变形最佳状态。

8. 为保证掘进机能顺利进入接收井，宜对接收井洞口土体进行加固处理。做好机头进入接收井前的复核测量，保证机头以预定的状态进入接收井内。

9. 接收井封门破坏后掘进机头应迅速、连续顶进管节，尽快缩短进洞时间。掘进机整体进洞后应尽快分离机头和管节，接收井的洞口按设计要求封闭处理，减少水土流失。

16.3.4 中继间

1. 一次顶进距离大于100m时，应采用中继间技术。采用中继间顶进时，应认真复核设计顶力，不得超过管材允许顶力。第一个中继间的设计顶力，应保证其允许最大顶力能克服前方管道的外壁摩擦阻力及顶管机的迎面阻力之和，后续中继间设计顶力应克服两个中继间之间的管道外壁摩擦阻力。中继间应留有足够的顶力安全系数，第一个中继间位置应提前安装，考虑正面阻力反弹，防止地面沉降。

2. 中继间密封装置宜采用径向可调形式，密封配合面的加工精度和密封材料的质量应满足要求。对超深、超长距离顶管工程，中继间还应具有可更换密封止水圈的功能。

3. 中继间壳体应有足够的刚度，其千斤顶的数量应根据该施工长度的顶力计算确定，并沿周长均匀分布安装，伸缩行程应满座施工和中继间结构受力的要求。外壳伸缩时，滑动部分应具有止水性能和耐磨性，且滑动时无阻滞。

4. 中继间安装前应检查各部件，确认正常后方可安装，安装完毕应通过试验运转检验后方可使用。

5. 中继间的启动和拆除应由前向后依次进行。拆除时，应具有对接接头的措施。中继间的外壳若不拆除，应在安装前进行防腐处理（图16-11）。

16.3.5 触变泥浆

1. 顶管顶进过程中，通过机头尾部和管道预留孔向管节外壁压注减摩泥浆，预留注浆孔应采用多点对称布置，减摩泥浆采用触变泥浆（图16-12）。

2. 施工过程中，泥浆应保证不失水、不沉淀、不固结，泥浆的配比应根据不同的地质情况作相应的调整。

3. 压浆时，储浆池内的触变泥浆由地面上的压浆泵通过管路压送至管道内的压浆总管，并到达连通各压浆孔的软管内，通过控制压浆孔球阀来控制压浆（图16-13）。

16.3.6 泥浆置换

1. 为防止顶管顶进中的地层损失引起路面沉陷和地下构筑物扰动，顶管结束后，应及时从地面向顶管外侧打入注浆管，注入水泥浆以置换触变泥浆，未注浆的顶管段落也应注入水泥浆填充空隙。水泥浆液搅拌均匀，无结块，无杂物，注浆结束后及时清理注浆设备。

2. 注浆应分批多次进行，每段注浆从第一孔开始，直至注至下一孔出浆为止。每段注浆后，静置 $3\sim5h$ 后进行第二次注浆，第二次注浆压力不变，直至水泥浆无法压入为止。

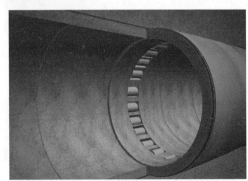

图 16-11　中继间

图 16-12　顶管施工内部照片

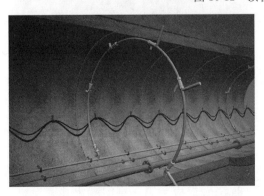

图 16-13　触变泥浆压浆管路示意

第17章　管道附属构筑物

17.1　检查井

1. 检查井宜采用预制模数混凝土砌块砌筑。砌块外观应光洁、平滑，符合设计、规范的各项参数（图 17-1）。

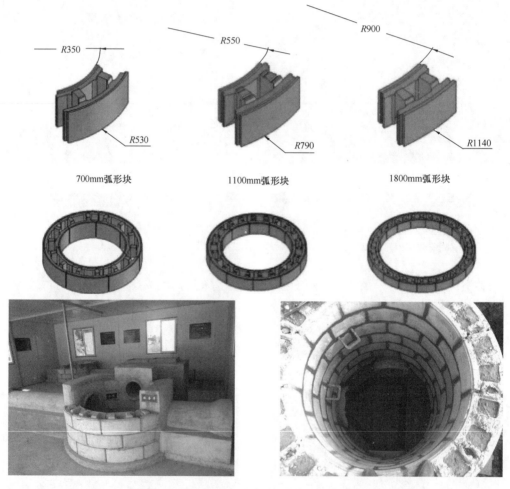

图 17-1　检查井样板

2. 预制砌块检查井施工工艺

（1）先在检查井预制底板基础上铺一层 20mm 的水泥砂浆，砂浆应做到密实，砂浆强度等级不得低于 M10；对于现浇混凝土底板，现浇底板应与第一层混凝土井壁模块同时施工。

（2）根据放线位置依次拼装混凝土井壁模块，拼装时模块的凸台朝上，凸凹槽衔接紧密，拼装完毕后每两模块向井的中心方向推紧，保证井的内径符合设计尺寸，同时校平首层模块。第二层模块的拼装中心线应和首层模块的接缝重合，其他各层以此类推。砂浆应分层砌筑，宜使用专用工具均匀铺浆，应避免砂浆落入孔内。

（3）采用混凝土灌芯时，应每3～4层灌注一次，每次灌注时，灌注高度应低于已拼装的模块顶面6cm左右，封顶时应完全灌满。灌芯混凝土应采用高流动性、低收缩性混凝土，坍落度宜控制在160～180mm，振捣时应保证井体稳定并振捣密实。要求雨水检查井：灌芯混凝土等级为C25，P4；污水检查井：灌芯混凝土等级为C25，P6。

（4）灌筑混凝土前应清除孔洞内杂物；砌筑砂浆达到终凝后，方可灌筑混凝土，灌筑时注意保持检查井井壁稳固。

（5）检查井砌筑完毕后，内外井壁应采用1:2防水水泥砂浆进行勾缝。混凝土及砂浆达到设计强度的70%，方可进行回填（图17-2）。

图17-2　检查井灌浆、勾缝

3. 井室混凝土基础应与管道基础同时浇筑，若遇不良地质无法保证混凝土底板浇筑质量时，可采用预制混凝土底板或对地基采取加固措施。

4. 为保证管道与检查井连接质量，在砌筑检查井时应同时安装预留支管，管径、方向、高程应符合设计要求，预留管道口应采取管道预埋的方式，不得采用预留空洞方式。管道与检查井连接宜采用混凝土现浇包封，保证接口严密（图17-3）。

图17-3　管道接头混凝土现浇包封

5. 井室内部预留孔、预埋件应符合设计和管道施工工艺要求。排水检查井的流槽表面应平顺、圆滑、光洁，并与上下游管道底部接顺（图 17-4）。

图 17-4　井底流槽

6. 检查井井盖宜具有防沉降功能，提高道路行驶舒适性，具体做法见道路施工部分。

17.2　雨水口

1. 井箅安装应采用 20mm 厚 1∶3 水泥砂浆砌筑进行找平处理，砂浆应饱满平整，保证井箅砌筑安装平稳、牢固、位置平正、缝隙均匀。

图 17-5　雨水口

2. 多组井箅连续设置时，盖座间距离应均匀，且不得大于 5mm，并用砂浆灌缝抹平。

3. 路缘石铺筑应自水箅盖向两侧铺筑，不得在井箅位置进行收口。收口部位宽度不足一块路缘石长度时，应切割路缘石铺筑，不得直接用混凝土或砂浆进行浇筑。

4. 沥青路面摊铺时，施工机械不得直接碾压水箅盖，水箅盖周边应进行人工找平、补料，并采用小型机具压实；摊铺完成后，应及时清理水箅盖周边及井室内的沥青废料。

第18章 管道功能性检测

18.1 严密性试验

1. 无压管道应按规范要求进行管道严密性试验，严密性试验分为闭气试验和闭水试验，按设计要求确定；设计无要求时，根据实际情况选择闭水试验或闭气试验。

2. 污水、雨污水合流管道及湿陷土、膨胀土、流砂地区的雨水管道，必须经严密性试验合格后方可投入运行。

3. 污水管道应在施工结束后，管道回填前进行严密性试验。

4. 闭水试验试验管段应按井距分隔，抽样选取，带井试验。试验管段应符合下列规定：

(1) 管道及检查井外观质量已验收合格；

(2) 管道未回填土且沟槽内无积水；

(3) 全部预留口应封堵，不得渗水；

(4) 管道两侧堵板承载力经核算应大于水压力的合力；除预留出水管外，应封堵坚固不得渗水；

(5) 顶管施工，其注浆孔封堵且管口按设计要求处理完毕，地下水位在管底以下。

5. 当管道内径大于700mm时，可按管道井段数量抽样选取1/3进行试验。

6. 试验不合格时，抽样井段数量应加倍进行试验。

18.2 CCTV影像检测

1. 管道施工完毕后，根据要求和实际情况进行管道CCTV影像检测。

2. CCTV检测中发现问题，应针对存在问题逐一进行整改，并按要求进行复检（图18-1）。

图18-1 CCTV检测

管道漏水

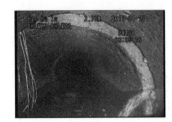

异物侵入

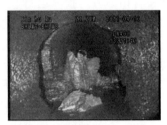

管道淤塞

管道破裂

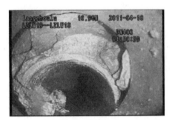

管道错接

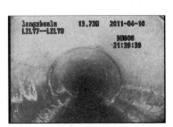

正常管道

图 18-1　CCTV 检测（续）

18.3　声呐检测

1. 对于管道内污水充盈度高、流量大（又因生产排放等原因无法停水），而无法进行 CCTV 检测的污水管道的淤积、结垢、泄漏故障检测，可选择采用声呐检测。

2. 管道声呐检测适用于直径（断面尺寸）从 125～3000mm 范围内各种材质的管道。

3. 管道声呐检测中发现问题，应针对存在问题逐一进行整改，并按要求进行复检（图 18-2～图 18-4）。

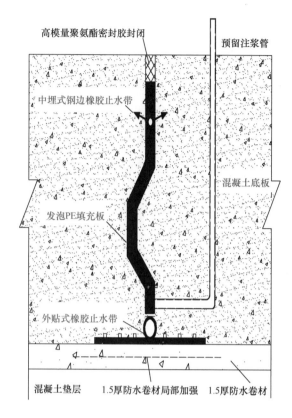

图 18-2 声呐检测工作流程

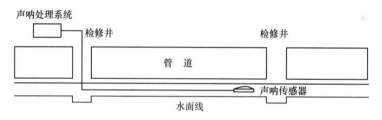

图 18-3 声呐检测示意图

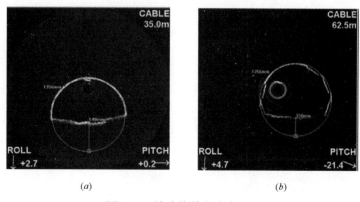

图 18-4 缺陷管道声呐检测图

（a）管道淤积；（b）管道破裂

第5篇　桥梁工程

第19章　桥梁模板和支架

支架法施工梁部一般适用于地基条件较好，跨越旱地或浅水河流且桥墩高度较低的梁体。支架类型经技术经济比较选用其结构型式：一般应根据桥的长度、桥下净空、支架基础类型、通车通航要求及各种定型尺寸及受力性能条件确定。

19.1　一般要求

1. 模板、支架的一般要求见第 2 篇第 4 章相关规定。

2. 模板、支架均应进行施工图设计，经批准后方可用于施工。施工图设计应包含以下内容：

（1）工程概况和工程结构简图；

（2）结构设计的依据和设计计算书；

（3）总装图和细部构造图；

（4）制作、安装的质量及精度要求；

（5）安装、拆除时的安全技术措施及注意事项；

（6）材料的性能质量要求及材料数量表；

（7）设计说明书和使用说明书。

3. 模板、支架的抗倾覆稳定验算须符合要求，各施工阶段的稳定系数均不得小于 1.3。

4. 模板、支架的刚度须符合要求，其变形值须满足国家现行规范《城市桥梁工程施工与质量验收规范》的相关要求。

5. 应建立支架模板进场审查制度、支架专项验收及预压制度，以确保支架模板的施工质量。

6. 应根据设计文件和支架预压观测的弹性变形、非弹性变形设置模板和支架的施工预拱度。

19.2　制作和安装

19.2.1　制作和安装

1. 现浇箱梁宜采用钢木组合模板或优质竹胶板模板，面板、次楞及龙骨的尺寸应经过计算确定。

2. 支架的地基承载力须满足计算书的要求，支架立柱底端必须设置垫板或混凝土块。

3. 为保证模板制作质量，减少现场加工对梁部的污染，芯模宜采取整体加工，统一安装的方法（图 19-1）。

图 19-1 现场整体安装芯模

19.2.2 预压

1. 支架预压前，须对支架进行检查和验收，并由相关验收责任人签字。

2. 支架预压应根据工程结构形式、荷载大小、施工工艺及支架的基础类型等编制预压施工组织设计。

3. 支架应根据地质条件选择预压方式：针对条件具备或不良地质条件的孔跨应选择全部预压；针对不满足全数预压条件的应选择地质条件相近或具有代表性的孔跨进行预压。

4. 支架采用堆载预压消除非弹性变形，并观测沉降量和弹性变形值。堆载采用砂袋或混凝土预制块，根据横断面荷载分布，预压荷载宜为支架需承受全部荷载的 1.05～1.10 倍（图 19-2、图 19-3）。

图 19-2 堆载预压（一）

图 19-3 堆载预压（二）

19.3 拆除

1. 模板、支架拆除须以随构件同条件养护的试件强度为依据，满足设计和规范要求后，方可拆除。

2. 模板、支架拆除应按照设计要求及拆除专项方案进行拆除作业，遵循"先支后拆、后支先拆"的原则，自上而下进行，且应先拆非承重模板，后拆承重模板。

3. 模板支架拆除，在横向应同时卸落，在纵向应对称均衡卸落，简支梁、连续梁结构的支架应从跨中向两侧桥墩拆除，宜分两步：先从跨中向两侧桥墩统一松开顶托，再从跨中向两侧桥墩拆除支架。

4. 预应力混凝土结构的侧模及内模须在预应力张拉前拆除，底模应在结构建立预应力后拆除。

5. 模板拆模不宜过早，尤其在昼夜温差大于 15℃时，应延迟 1～2d，且尽量在升温阶段拆模。

第 20 章　钢筋工程

20.1　一般要求

钢筋工程一般要求见第 2 篇第 5 章的相关规定。

20.2　普通钢筋

1. 主筋应采用焊接或者直螺纹连接，钢筋直径等于或小于 22mm 时，在无焊接条件时，可采用绑扎连接，但受拉构件中的主筋不得采用绑扎连接。
2. 钢筋连接采用绑扎时，钢筋的交叉点应用钢丝绑扎结实，必要时，用点焊焊牢。
3. 绑扎用的钢丝要向里弯，不得伸向保护层内。

20.3　钢筋骨架

1. 施工现场根据结构情况和运输起重条件，先分部预制再吊装的钢筋骨架，应在钢筋的交叉点处进行焊接或采用辅助钢筋加固。
2. 钢筋骨架制作前，按照模板支架施工设计图确定的预拱度制作钢筋胎模。
3. 钢筋骨架的制作应按照设计图样先放大样，在钢筋胎模上进行组装。

20.4　钢筋保护层

当受拉区主筋的混凝土保护层厚度大于 50mm 时，应在保护层内设置直径不小于 6mm、间距不大于 100mm 的钢筋网。在钢筋和模板之间设置垫块，垫块数量 4 个/m^2，梅花形布置，钢筋较密处适当增加，垫块应与钢筋绑扎牢固（图 20-1、图 20-2）。

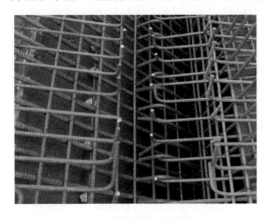

图 20-1　钢筋绑扎及保护层垫块（一）

图 20-2　钢筋绑扎及保护层垫块（二）

第21章 混凝土工程

21.1 一般规定

混凝土工程一般要求见第 2 篇第 6 章的相关规定。

21.2 混凝土配合比

1. 混凝土配合比应通过设计和试配选定。
2. 混凝土配合比应取实际采用的材料，送第三方质量检测机构进行配合比验证。

21.3 混凝土凿毛

1. 混凝土凿毛应露出新鲜混凝土，且外露的粗骨料应分布均匀，表面凸凹高度宜在 2～20mm。
2. 对湿接缝部位，拆模后宜采用小型手动工具凿毛。小型构件和薄壁构件不宜采用风镐凿毛，应采用人工凿毛。
3. 当采用水冲凿毛时，混凝土强度应达到 0.5MPa；当采用人工凿毛时，混凝土强度应达到 2.5MPa；采用小型手动工具凿毛时，混凝土强度应达到 10MPa；当采用风镐凿毛时，混凝土强度应达到 15MPa。
4. 不得采用在混凝土表面（混凝土终凝前）划痕或插捣等方式代替凿毛。

21.4 混凝土养护

1. 高温季节浇筑混凝土的，应及时对混凝土进行养护，初凝后进行喷雾养护，终凝后及时覆盖塑料布或土工布，塑料布或土工布之间应设 10cm 搭接。表面应保持湿润状态，不能失水过快，并安排专人不间断地洒水养护。洒水养护期一般不少于 7d，对重要工程或有特殊要求的混凝土应酌情延长养护时间（图 21-1）。

2. 当工地昼夜平均气温连续 5d 低于 5℃或最低气温低于 −3℃时，应按冬期施工处理，混凝土表面应喷涂养护剂，不得对混凝土表面进行洒水养护，混凝土结构周边采取必要的保温措施，进行保温蓄热养护（图 21-2）。

3. 冬期施工的箱梁在底板混凝土浇

图 21-1 夏季养护

图 21-2　冬季养护

筑完毕后，应立即用帆布或彩条布将箱梁箱室两端封闭，防止在箱室内形成风道，使得箱内温度降低过快产生裂缝。混凝土浇筑完成应立即包裹封闭，按照蒸汽养护的相关要求进行蒸汽养护。

第 22 章　预应力混凝土工程

22.1　一般要求

预应力混凝土工程一般要求见第 2 篇第 7 章的相关规定。

22.2　钢绞线束制作

1. 钢绞线应按设计孔道长度加张拉设备长度，并预留工具锚外不少于 100mm 的总长度下料，下料应用砂轮机平放切割。切断后平放在地面上，并采取措施防止钢绞线散头。

2. 钢绞线切割完后须按各束理顺，并间隔 1.5m 用钢丝捆扎编束。同一束钢绞线应顺畅不扭结，同一孔道应采用整束整穿的方法。

22.3　预应力混凝土

1. 拌制预应力混凝土应采用硅酸盐水泥、普通硅酸盐水泥，且水泥用量不宜大于 500kg/m³。

2. 粗骨料宜采用 5～25mm 的碎石，细骨料应采用细度模数 2.6～3.2 的中、粗砂。

3. 浇筑混凝土宜根据不同的构件或结构形式，选用附着式、插入式或平板式振动器进行振捣。

4. 应加强对梁部腹板、预应力锚固区及预应力钢束、钢筋密集部位的振捣。

5. 插入式振动器应避免碰撞先张法的预应力筋和后张法的预应力管道。

22.4　预应力张拉

1. 预应力张拉应由工程技术负责人主持，张拉作业人员应经培训考核合格后方可上岗。

2. 张拉设备应配套校准、配套使用，且在校准有效期内。

第23章 基础和承台

基础和承台施工的相关要求详见本书第 1 篇第 2 章的相关规定。

第 24 章　墩台

24.1　立柱

24.1.1　模板

1. 立柱外模板应采用厚度不小于 5mm 的钢板制作，且应经过铣边处理，拼缝位置宜设置定位销，控制错台现象；方形立柱模板的竖向拼缝应避免设置在转角处。可将拼缝移至立柱侧面，加工成带转角的定型模板，在转角处设置斜拉杆，尽量避免设置对穿拉杆而影响立柱外观质量。

2. 对圆柱墩、实心方墩的模板，高度在 10m 以内时，宜按一次安装模板到顶的方式进行模板的配置。

3. 钢模板进场后须进行彻底打磨，露出钢板本色，涂刷脱模剂后应及时安装，否则应采用塑料布覆盖，防止粘上灰尘等杂物。

24.1.2　钢筋

1. 承台上预埋的立柱钢筋须进行焊接定位固定，并在承台混凝土浇筑时做好防止其偏位、倾斜的措施。

2. 立柱的钢筋骨架宜在加工场统一加工成型，检查合格后方可运至现场安装。为防止钢筋骨架吊装变形，应设置起吊扁担，吊装就位时，应保证立柱的中心位置以及立柱钢筋的垂直度。

3. 对已经安装完成的立柱钢筋骨架设置保护层垫块，在安装模板前应有临时稳定措施，防止倾倒。对于安装完毕的墩身钢筋总高度超过 9m 时，应安装缆风绳使其保持稳定。

4. 墩顶支座垫石的预埋钢筋应严格按设计文件进行施工，预埋件和预留孔洞的位置须进行精确测量定位，并采取固定措施，防止振捣混凝土时发生偏位。

24.1.3　模板安装

1. 模板安装前应将承台顶面墩身范围内混凝土凿毛并清洗干净，清除锚筋污锈。对立柱中心点和模板内外边线进行放样，并用墨线弹出。在离承台顶面 50mm 处的立柱主筋上焊接支杆，从立柱模板内顶住模板，防止其移位。

2. 模板底部与承台顶面接触部位先用水泥砂浆设置找平层，找平层不得侵入立柱实体。并对钢筋保护层垫块进行检查，合格后方可吊装模板。

3. 立柱模板安装完成后，及时在四角设置缆风绳将立柱模板拉紧，检查模板的拼缝、连接质量、模板校正对中及垂直度符合要求后，方可固定缆风绳。

4. 模板安装完成后，应测量模板顶高程并确定混凝土浇筑面的位置，清理模板内的杂物，采用水泥砂浆在模板底部内、外侧封堵，履行模板验收手续。

24.1.4 混凝土浇筑

1. 混凝土浇筑时，宜先在底层铺一层同配合比的水泥砂浆，混凝土宜一次连续浇筑完成。

2. 混凝土浇筑可采用泵送或起重机配合料斗的方式，须保证混凝土出料口与浇筑面的距离小于 2.0m，否则应采取减速串筒或溜槽等措施，防止混凝土离析。混凝土应采用水平分层的浇筑方式，分层厚度不宜超过 300mm，并安排作业人员进入模板内靠近混凝土浇筑面进行振捣作业，保证不漏振、不过振。

24.1.5 模板拆除

1. 拆模不宜过早，且应尽量在气温升温时段作业，拆除模板时，未拆模板应有相应的临时固定措施。

2. 模板拆除应自上而下、分层拆除。

24.1.6 混凝土养护

立柱模板拆除后，应立即采用塑料薄膜将立柱包裹，并采取墩顶滴灌等方式进行养护。混凝土保湿养护时间不得少于 7d。

24.2 盖梁

24.2.1 一般要求

1. 施工前应在墩顶对盖梁的轴线进行准确放样，并测量墩顶高程。

2. 采用落地支架作支撑时，应先对盖梁下施工范围内的地基进行处理，分层回填并压实，且应有相应的承载能力，在地基上宜浇筑混凝土垫层或铺枕木搭设支架。

3. 采用抱箍作支撑时，应根据抱箍尺寸确定其在立柱上的位置，并对抱箍螺丝扣的收紧力和相应的承载力进行试验；抱箍的内壁宜加垫摩阻力较大的柔性材料，增大抱箍与立柱间的摩擦力；抱箍安装后，应在抱箍的下方做好标记，并在抱箍承受荷载后观测其是否下移。

24.2.2 模板

1. 钢模板的面板厚度不宜小于 6mm，模板的挠度应不超过模板跨度的 1/400，钢模板面板的变形应不超过 1.5mm。

2. 模板吊装时应设置溜绳，防止在吊装过程中与钢筋或立柱混凝土进行碰撞，保持模板在吊装过程中的稳定。

3. 盖梁底模与立柱的贴合处，应采取有效措施防止其漏浆，墩顶混凝土且宜伸入盖梁 20mm 为宜，顶面应进行有效凿毛并清理干净。

4. 模板接缝处应粘贴双面胶条，拉杆应有足够的强度和较小的变形，但盖梁内宜不设对穿拉杆，保证混凝土外观。

5. 端头模板和侧模应连接牢固，并采取支撑、加固等措施，防止跑模、漏浆。

24.2.3 钢筋

1. 盖梁钢筋宜采用在工厂加工绑扎成整体再运输吊装的方式，应采用多点吊装的方法，防止钢筋骨架在吊装时变形。

2. 钢筋骨架和箍筋应精确定位，以便能顺利安装。

3. 宜采用高强混凝土钢筋保护层垫块，并按梅花形布置，不少于 4 个/m^2，底模范围内应适当加密。

24.2.4　混凝土浇筑

盖梁为悬臂梁时，混凝土浇筑应从悬臂端开始对称、分层、连续浇筑。

24.2.5　模板拆除

1. 混凝土强度应达到 2.5MPa 以上，并能保证混凝土表面和棱角不因拆模而受损后，方可拆除盖梁侧模板。

2. 底模的拆除应符合设计和规范的要求。

3. 预应力钢筋混凝土盖梁拆除底模时间应符合设计要求，设计无要求时，须保证孔道压浆浆体强度达到设计强度后，方可拆除底模。

24.2.6　混凝土养护

盖梁侧模拆除前应在其顶面采用浸水土工布覆盖储水养护，侧模拆除后，可采用透水土工布包裹，滴灌养护，保证混凝土表面始终处于湿润状态，养护时间应不少于 7d。

24.3　台背填土

1. 台背填土的一般要求见第 4 篇第 14 章 14.4 沟漕回填的相关规定。

2. 台背、锥坡应同时填筑，并按设计宽度一次填齐，台背填料宜采用透水性材料。

3. 台背填土宜与路基填土同时进行，采用机械碾压。台背 0.8～1.0m 范围内宜回填砂石、半刚性材料，采用小型压实设备压实。

4. 肋板式桥台或柱式桥台间的填土应对称均匀填筑，填土施工未完成不得进行台帽及上部结构的施工。填土的时间须满足设计和规范的相关要求。

第 25 章　支座

25.1　一般规定

1. 设置支承垫石是为了方便支座安装、调整、观察及更换，平面尺寸应能承受上部结构荷载，四边比支座外缘大 10cm 左右，高度不小于 6cm，便于安放扁顶，支座垫石施工应采用四角可调节高度的定型钢模，保证垫石顶面高程准确。

2. 安放支座前应对垫石强度、位置、高程等进行检查。

(1) 若垫石顶面标高稍有不足或不平整，可用环氧砂浆抹平。

(2) 顶面标高不足较多时，应采取粘垫钢板或用混凝土内设钢筋网接高。

(3) 如垫石顶面需降低，则用钢钎凿除部分混凝土至设计标高后，用环氧砂浆抹平。

3. 支座安装完成后，应对安装质量逐个进行检查，防止出现脱空、偏压、变形等现象，若有问题应及时调整。

25.2　板式橡胶支座

1. 支座安装前应将垫石顶面清理干净，去除浮砂，表面应清洁、平整、无油污，顶面标高应符合设计要求（图 25-1）。

图 25-1　板梁吊装　　　　　　　　　　　图 25-2　橡胶板式支座安装

2. 矩形橡胶支座安装时，短边应与顺桥方向一致，否则应进行转角验算。为避免支座发生过大的剪切变形，梁板宜选择在邻近当地年平均温度时段吊装。梁板就位后，宜二次起吊离开支座约 2~3cm，以释放冲击力引起的支座初始变形（图 25-2）。

3. 支座安装时，在垫石上测放支承点纵横向十字线，在支座上标出支座纵横向的中心十字线，将支座中心线与垫石上支承点中心重合，支座就位准确，安装完成的支座应保持水平，不得有偏斜、不均匀受力和脱空等现象。

4. 梁、板吊装后，应检查其底面是否与支座密贴，若支座与梁之间存在间隙确实需要调整的，可垫大于支座受压面积的钢板，所垫钢板应进行热浸镀锌处理，且每个支座上最多只能垫一块钢板。抄垫时应将梁、板吊起，重新调整就位安装，安装时不得采用撬棍移动梁、板的方式就位。

25.3 盆式橡胶支座

1. 支承垫石表面应充分凿毛，并应保证支座下座板底面与支承垫石表面之间留有20～30mm 的空隙，便于灌注无收缩水泥砂浆。清除垫石预留孔中的杂物，支承垫石表面用水浸湿，预留孔中不得积水（图 25-3、图 25-4）。

图 25-3 　垫石凿毛及封模处理　　　　　　　　图 25-4 　支座吊装

2. 盆式橡胶活动支座的安装，宜选择在气温相当于全年平均气温的春秋季节进行。应计算支座的滑移量是否满足要求，防止支座产生过大的剪切变形，若满足，可将支座上钢板与下钢板对齐布置；若不满足，可将支座上钢板和下钢板错位布置，错位量和方向应视安装时的气温确定。

3. "吊挂法"安装支座

（1）采用起重机将支座整体吊装就位，按照支座上座板表面方向标贴进行安装，将支座下锚钢棒准确插入支撑垫石上预留孔内。在支座安装完梁体混凝土浇筑前应将上座板顶面产品型号标贴和方向标贴清除，以免影响混凝土与上座板粘结强度。

（2）安装挂架及支承横梁，用螺旋千斤顶顶升支承横梁抬升支座，直到满足支座设计标高和坡度为止，保持支座稳定。

（3）在支座四周安装灌浆模板，采取可靠措施防止漏浆。在灌浆管一端安装一个漏斗，另一端深入锚栓孔内，将无收缩水泥砂浆灌入锚栓孔内（图 25-5）；锚栓孔灌满后，迅速抽出灌浆管并将灌浆管伸入至支座下面中心位置，从支座中心向四周灌浆。灌浆时需排除气泡，确保空隙全部被砂浆灌满。灌浆至水泥砂浆高出支座下座板底面 5～10mm 为宜（图 25-6）。

（4）无收缩水泥砂浆强度达到要求前，不可使盆式支座受到碰撞或在支座上方进行任何其他作业。浆体终凝后，拆除灌浆模板并仔细检查无收缩水泥砂浆表面，确保水泥砂浆表面无裂纹、空洞。待无收缩水泥砂浆强度达到要求之后，拆除支座支架（图 25-7）。

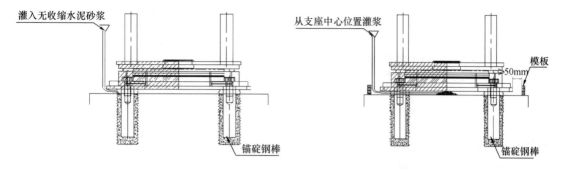

图 25-5　锚栓孔的灌注　　　　　　　　　图 25-6　支座底板空隙的灌注

4. 盆式橡胶活动支座安装就位预偏量调整符合要求后，应将支座上、下钢板之间采用钢筋或钢板进行临时锁定，以防止施工过程中发生错位，但锁定应在预应力张拉前解除。

5. 盆式橡胶支座安装采用焊接连接时，应在支座顶板和底板相应位置设置预埋钢板，支座就位后采用跳跃式连续焊接法将支座上下钢板与预埋钢板焊接，焊接时应注意防止温度过高对橡胶和聚四氟乙烯板的影响。

图 25-7　盆式支座安装

第26章　混凝土梁板

26.1　支架浇筑

1. 支架和模板的一般要求见第2篇第4章的相关规定。

2. 支架底部应设置良好的排水措施，支架底部地基不得被水浸泡。

3. 浇筑混凝土前确定浇筑方案，并采用分段对称浇筑等措施防止支架的不均匀沉降。

26.2　悬臂浇筑

26.2.1　一般规定

1. 悬臂浇筑（以下简称悬浇）施工过程中应对应力、标高、线形等进行监控，主跨大于80m的桥宜由具有专业资质且有成熟监控经验的单位进行施工过程控制。

2. 应特别注意施工图设计文件中底板以及底腹板倒角位置处防崩钢筋的设置，在两节段处1m范围内应加密处理。

26.2.2　墩顶梁段

1. 托架施工

0号段托架可根据墩身高度、承台尺寸、地形和地质条件，分别支承在承台、墩身或地面上。墩身托架可采用万能杆件拼装或型钢组焊，托架顶面尺寸按拼装挂篮的需要和梁段长度确定，横桥比箱梁底板宽2m左右以满足外模安装要求，顶面应设纵向垫梁与箱梁底板纵向线形变化一致。落地支架可采用军用墩、万能杆件、贝雷桁架、钢管等拼装。

托架和支架应进行试压，消除其非弹性变形，同时测定弹性变形，检验安全性。可采用在承台上预埋锚绳，用千斤顶加压的方法（表26-1）。

托架类型　　　　　　　　　　　　　　　　　　　　表 26-1

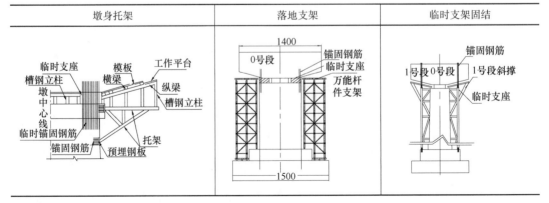

墩身托架	落地支架	临时支架固结

墩身托架	落地支架	临时支架固结
（1）先在墩顶墩身处预埋钢板及锚固钢筋，托架在地面加工厂制作好后用塔式起重机吊起与墩上预埋钢板焊连，焊接采用四面围焊； （2）托架型钢通过计算选用； （3）托架与横垫梁间的槽钢立柱调整底模的标高，卸落底模时割断立柱即可； （4）托架应进行强度、稳定性和挠度的验算	（1）0 号段临时支架支承在承台上，利用万能杆件按标准间距拼组； （2）支架上部构造同托架法	（1）采用方形钢柱或大直径螺旋焊管内填混凝土，钢柱底部用预埋在基础顶面的大螺栓锚固； （2）柱顶设托盘，托盘与预埋在墩顶的临时支座钢板及锚固大螺栓相连，提高 T 构抗倾覆系数； （3）临时支墩顶中心线位于箱梁腹板中心线上，并用预埋螺栓与腹板连成整体

2. 模板

0 号段底模一般用木模或大块钢模，铺设时设置预拱度。外模可利用挂篮外模，内模和堵头模板宜用钢木结合结构。内模支承可采用方木或钢管脚手架。

3. 混凝土浇筑

（1）0 号段构造复杂，一次性浇筑混凝土量较大，宜分层、分段浇筑，每次混凝土浇筑须在下层混凝土终凝前全部完成，混凝土的缓凝时间须经专项设计，并通过验证方可实施；0 号段隔墙厚度≥1.5m 时宜设冷却水管，防止水化热导致结构内外温差过大。

（2）底模、内模支架必须牢固，应制定防止支架不均匀变形而造成梁体开裂的措施。

（3）0 号段梁体内各种管道、钢筋密度较大，振捣宜采用插入式振捣器为主，辅以附着式振动器的方式。混凝土由天窗经减速串筒至底板，腹板、横隔板混凝土由天窗经串筒滑至腹板、横隔板的侧洞，进入腹板、横隔板。

（4）大跨度桥梁 0 号段应采用大体积混凝土浇筑措施施工，须有针对大体积混凝土水化热控制的专项措施。

26.2.3 挂篮

1. 选型

（1）挂篮的形式较多。应采用用型钢加工的菱形式、三角式、弓弦式、斜拉式等挂篮，其受力明确、变形小、自重轻、施工方便、适用性强，现场选用较多（图 26-1）。

（2）挂篮与悬浇梁段混凝土的重量比不宜大于 0.5，且挂篮的总重量应控制在设计规定的限重之内。

（3）挂篮的最大变形（包括吊带变形的总和）应不大于 20mm。

（4）挂篮在浇筑混凝土状态和行走时的抗倾覆安全系数、自锚固系统的安全系数、斜拉水平限位系统的安全系数以及上水平限位的安全系数均不应小于 2。

2. 拼组

以常用的菱形挂篮为例，挂篮拼组通常在加工厂拼组大件，在梁体上拼组整体。加工厂拼组主要包括主梁系的两片主构架，四片横向连接系，还有外模及模架、内模及模架，其余均为散件。将加工厂拼装件及散件运抵现场后，吊运构件至 0 号段上拼组。拼组程序如下：

（1）在 0 号段梁顶预留的孔位、预埋构件上安装、整平，锚固轨道。

图 26-1　挂篮形式

（2）拼装主梁系中主构件以及后锚系统，用倒链和设在 1 号段的预埋件为支撑固定主构架。

（3）拼装主构件间横向连接系、前上横梁，取消临时倒链。

（4）同时安装底模内托梁以及后吊带，插放滑梁，安装后吊精轧螺纹钢。

（5）悬放吊带，吊放前托梁，再安放底模桁架、底模板。

（6）在前上横梁悬放倒链，吊住滑梁前端点并用倒链移出内外模板。

挂篮拼装完毕后应由总承包单位、监理单位成立验收小组，对挂篮的构件、连接高强度螺栓、销子、吊杆、螺帽等进行联合验收，验收合格后进行静载试验。

3. 静载试验

图 26-2　挂篮预压

挂篮安装完成后，应进行静载试验，检验挂篮强度、刚度和抗倾覆能力，并消除非弹性变形及测定弹性变形量，提供梁体线形控制基础数据。挂篮试验根据现场条件可选用砂石袋堆载法、水箱加压法、锚力筋千斤顶加压法等（图 26-2、图 26-3）。

压载试验步骤：

（1）计算悬浇过程中挂篮的最大静载重量，取 1.2～1.3 的安全系数作为压载的总重量。

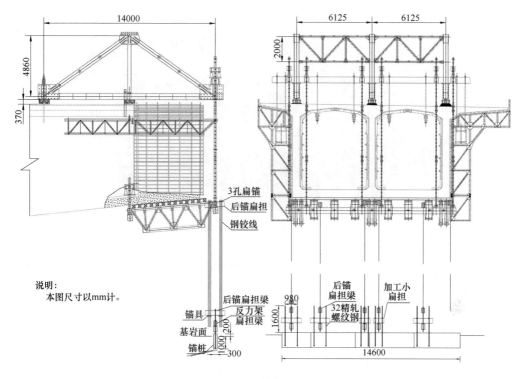

说明:
本图尺寸以mm计。

图 26-3　静载试验

（2）在挂篮后锚、前端底模上和前端横梁上分左、右各设两个观测点，并测定各点的初始标高。

（3）按等重量逐级加载，每加一级荷载即测定一次观测点的标高值，做好记录。

（4）减载前应将挂篮各结点的螺栓拧紧，然后逐级减载，同时测定各级减载后的标高值，做好记录。

（5）绘制挂篮变形曲线，根据初始标高和加载及减载过程的观测值绘制挂篮的载重—变形量曲线，供梁体线形控制计算使用。

26.2.4　梁段

1. 纵坡大于或等于2%时，挂篮应设置限位装置，防止其纵向滑移（图26-4）。

2. 应严格控制挂篮底模后锚点距节段端面的距离，减小节段错台的厚度，后锚点距节段端面的距离宜不大于200mm。

3. 应保证预应力筋的防崩钢筋和钩筋的施工质量，波纹管的定位钢筋宜适当加密。

4. 悬浇段混凝土浇筑宜采用可控方向的三通泵管控制，最大允许不平衡重应以设计方提供的数据控制，设计未规定时，实际施工中宜控制混凝土偏差量为1~2m³。

5. 混凝土节段端面混凝土宜采用工具进行凿毛，凿毛时应在混凝土保护层外侧预留10mm的完整边界。

26.2.5　合拢段

1. 合拢段利用挂篮内外模滑行梁和底模前后横梁作吊架，通过梁段上的预留孔将挂篮的内外模和底模吊在梁段上作为合拢段模板施工。

2. 合拢段施工是悬浇施工技术一道非常关键的工序，应保证从合拢段混凝土开始灌

图 26-4　梁段施工

筑至达到设计强度和张拉部分预应力筋前，新浇混凝土不承受外力，且合拢段与连接梁体变形应协调。

（1）合拢段的混凝土应选用早强、高强混凝土，尽早达到设计强度并施加预应力。

（2）选择合理的合拢顺序，使得合拢体系转换时产生的内力较小，一般按先合拢边跨、后合拢中跨的合拢顺序。

（3）合拢应与设计提出的合拢条件相一致，尤其是合拢温度以及合拢时梁端的配重应符合设计要求。

（4）在合拢段中设置劲性骨架时，宜将劲性骨架先与合拢段的一端焊接牢固，在一天中气温较低时，再与另一端焊接牢靠。对于连续刚构，应在设计给定的合拢温度范围内将合拢段两端已浇梁段临时锁定，焊接完成，主要措施是采用劲性支撑和临时钢丝束，即增设撑杆和拉筋，把合拢段两端的 T 构连接起来，以保证合拢前、后结构变形协调（图 26-5）。

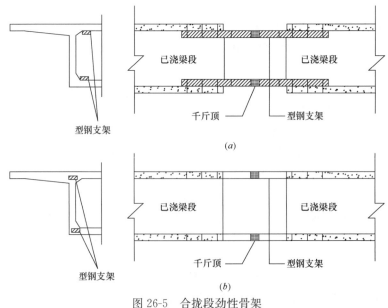

图 26-5　合拢段劲性骨架

（a）合拢段体外支承示意；（b）合拢段体内支承示意

（5）合拢段应在设计文件要求的气温条件下浇筑，设计未规定时，宜选择气温变化较小的日期且一天中气温较低时段浇筑合拢段混凝土，避免新浇混凝土早期受到较大拉力作用。

（6）浇筑时要及时观测箱内外温度，做好记录。混凝土初凝后在顶板上全跨范围内覆盖草袋并洒水降温，避免产生早期收缩裂缝。

（7）合拢段混凝土强度达到设计要求后，即可张拉预应力连续束，并解除临时支座，实现体系转换。

26.3 装配式梁板

26.3.1 先张法

1. 预制台座

（1）先张法台座宜采用框架式结构，台座主要由固定端钢横梁、张拉端钢横梁、张拉端活动梁、钢筋混凝土传力梁、中横梁及底座组成。台座应保证其坚固、稳定、不沉陷。底模顶面模板宜采用厚度不小于 10mm 钢板。

（2）在设置台座时，宜采用槽钢或角钢作为台座的包边，槽口应向外，并宜采用直径略大于槽口尺寸的高强橡胶管填塞，侧模之间设置拉杆使侧模顶紧橡胶管达到止浆和防止梁底漏浆的目的。

（3）应定期对台座进行复测检查，并建立观测数据档案，发现异常应及时处理。

2. 模板

（1）外模应采用整体钢模，钢板厚度不得小于 6mm，侧模的长度应稍长于设计梁长。

（2）空心板梁的内模宜采用组合模板，梁长小于 16m 的内模可采用气囊，但必须采取可靠措施保证气压稳定并防止内模上浮，气压值控制在 0.4~0.5MPa 之间。

3. 钢筋安装

（1）钢筋制作、安装定位应准确，伸缩装置以及防撞护栏等的预埋钢筋应采取辅助措施进行有效定位。

（2）空心板梁铰缝钢筋安装时，应保证其与模板密贴，并应采取有效措施固定，以保证混凝土拆模后能够立即凿出且位置准确。

（3）钢筋验收时，应严格控制内模的定位钢筋，确保其满足要求。

4. 预应力施工

（1）钢绞线的安装不得接触模板上的脱模剂，防止钢绞线与混凝土的粘结失效。

（2）预应力筋预留孔的位置准确，安装后与定位板上对应的预应力筋孔在一条直线上，端模预应力筋孔径可按实际直径扩大 1~2mm，开孔水平向可略做成椭圆形。

（3）按照先内后外的顺序穿钢绞线，预应力筋有效长度以外的部分进行失效段处理，采用硬塑料管套住，塑料管直径宜略大于钢绞线直径，且端头缠两层塑料布固定并封闭，防止影响失效效果。

（4）在张拉端与固定端宜采用连接器将钢绞线与螺杆连接，以避免造成钢绞线的浪费。

（5）整体张拉时，应先在固定端采用穿心式小千斤顶将单根钢绞线调至初应力并用螺母固定。全部初调完毕后，在张拉端采用两只大千斤顶推动活动锚箱进行张拉。为保证活动锚箱的平衡，可采取两只千斤顶并联、同步顶进的方法进行，张拉时先张拉至 2 倍初应力记下钢绞线伸长读数后继续张拉。

（6）整体张拉宜以 2 倍初应力至张拉控制应力间的伸长值推算张拉伸长值。

5. 混凝土浇筑

（1）混凝土浇筑应按底、腹、顶板的顺序进行，浇筑腹板时，不应正对内模和外模翼缘板处下料。

（2）混凝土浇筑应连续进行，浇筑宜从一端浇筑至另一端，应保证在下层混凝土初凝前开始浇筑上层混凝土，振捣须插入下层混凝土 5～10cm。顶板混凝土浇筑完毕后应收面拉毛。

（3）须保证两侧腹板混凝土下料均匀，浇筑高度保持一致，防止内模偏移。

6. 混凝土养护和放张

（1）梁体混凝土浇筑完成后，应及时对混凝土进行养护。梁板内箱蓄水养护，顶面采用土工布覆盖养护，腹板侧面应采用自动喷淋养护，且喷淋系统应有足够的水压，确保所有外露面均能湿润养护。

（2）混凝土强度、弹性模量、龄期等满足设计要求时方可放张，为防止突然放张板端混凝土局部崩裂或梁板两端腹板与底板间出现剪切缝，宜分四次逐级进行，每次放张吨位分别为施张吨位的 40%、30%、20%、10%，且最后一级放张时应在 5min 内缓慢慢速进行。长线台座上预应力的切断顺序，应由张拉端开始逐次切向另一端。

（3）预制梁板放张后方可进行梁端的封端施工。

7. 梁板存放

（1）梁板吊出预制台座时，混凝土强度应不低于设计对吊装强度的要求。

（2）存梁台座应坚固、稳定，且宜高出地面 200mm，并应定期检查。

（3）存梁宜为 2 层，不得超过 3 层，存放时间应符合规范及设计的要求，存放期限一般不超过 3 个月，特殊情况不得超过 5 个月（图 26-6）。

图 26-6 预制梁存放

26.3.2 后张法

1. 预制台座

（1）后张法预制台座两端须进行加强设计，以满足梁板张拉起拱后基础两端承载力的要求，同时须在台座上布设沉降观测点定期观测监控。

（2）为满足梁板兜底起吊移出预制台座的要求，可在离梁端 60～90cm 处将台座设置成活动底板支撑的方式，活动底板与台座同宽，长度须满足吊具安装或操作方便的要求。

2. 模板施工

（1）预制梁外模施工参见先张法预制梁外模的相关要求。

（2）预制梁内模应采用定型模板，钢板厚度应不小于3mm，内模应进行试拼并编号，并按编号进行安装。

（3）底模按设计要求设置合理的反拱。侧模安装后在两边设置支撑固定，支撑一拉一撑，即法兰螺栓对拉，钢管支撑，防止模板在施工过程中跑位、倾覆和偏移。

（4）有横隔梁的梁板其横隔梁应设置独立的底模，保证侧面拆除后横隔梁底模仍能起支撑作用，防止过早拆除横隔梁底模而在其与翼缘、腹板连接处产生裂纹。

（5）有预留钢筋伸出模板外的，应设置梳形模板，且板厚不小于10mm，保证浇筑混凝土时模板不变形、不位移。

（6）端模板应与侧面、底模密贴，并应与预应力孔道轴线垂直，保证预留孔道位置的精确。

3. 钢筋施工

（1）钢筋骨架宜采用在固定的钢筋胎模上绑扎成型，再用龙门架吊至要预制梁板台座上的方法。浇筑前对钢筋预埋件进行检查，确保位置精确、无遗漏。

（2）钢筋胎模上设置钢筋定位架，以保证钢筋安装位置的准确且避免钢筋缺失。

（3）预留孔处伸出钢筋应采用梳齿板固定，梳齿板采用厚度不小于6mm的钢板制作，须保证有足够的强度和刚度。

4. 混凝土施工

（1）梁板混凝土应采用斜向分段、水平分层的方法一次浇筑到位，不应设置施工缝。

（2）梁长大于20m的箱梁、宽幅空心板梁宜由梁端同时向跨中方向，按阶梯式的底板、腹板、顶板的顺序浇筑混凝土，在跨中处合拢。

（3）底板混凝土应从内模顶上的预留孔处下料，浇筑至底板与腹板结合处，再浇筑腹板、顶板的混凝土。浇筑底、腹板时，不应正对预应力孔道或外模翼缘板下料。

（4）料斗移位或泵车出料口移动时，应有防止混凝土洒落在内模顶面和翼缘模板上形成灰渣的措施，腹板混凝土的下料和振捣应对称、同步进行，避免内模移位。

（5）预制梁拆模时间应符合设计和规范对强度的要求，防止顶板及翼缘塌陷导致腹板与顶板交界处的顶面出现裂纹。

（6）预制梁内模须有防止上浮的措施。

（7）空心板梁应待混凝土达到强度，拆除端模、侧模后，锚固端面及铰缝面等部位新、旧混凝土结合面均凿毛成凹凸不小于6mm的粗糙面，100mm×100mm面积中不少于1个点，以利于新旧混凝土良好结合（图26-9）。

5. 预应力施工

（1）预应力管道的位置应符合设计及规范要求，定位措施充足、稳固，钢筋与预应力管道有干扰时，原则上钢筋应避让管道，确保管道线形顺滑（图26-7、图26-8）。

（2）预应力钢筋张拉时的混凝土强度和弹性模量（龄期）应符合设计要求，设计无要求时一般需达到设计强度的80%，且龄期不小于7d。张拉前须对孔道摩擦阻力进行检测，锚垫板压浆孔内应无杂物，梁体混凝土无空洞，否则应编制专项修补方案进行修补，待达到强度后才可进行张拉。

（3）预应力筋张拉应符合设计要求，采用两端对称张拉。张拉时以应力控制为主，并辅以伸长值进行校核：实测伸长值和理论伸长值进行比较，两者之差不应超过设计伸长值的+6%。张拉完成后应检查有无滑丝现象并尽早压浆，压浆前先用清水加压冲洗孔道，排除孔内粉渣等杂物，冲洗后再用空压机吹干积水。压浆顺序先下后上，集中在同一处的孔道要一次压完，中间因故停歇时，应将孔道内的水泥浆冲洗干净后重新压浆。

图 26-7　后张法梁板钢筋整体绑扎

图 26-8　后张法梁板预制

（4）预应力筋张拉伸长量测量时，由于张拉千斤顶工作锚夹片内滑和钢绞线回缩影响，直接测量千斤顶张拉端活塞伸出量会较实际伸长量偏大，易导致预应力度不足。故实际伸长值应为从初应力至最大张拉应力间的实测伸长值与初应力以下的推算伸长值之和。

26.3.3　梁板安装

1. 预制梁（板）混凝度强度应符合设计要求，设计无要求时应保证预应力混凝土梁孔道压浆浆体强度不低于设计强度 80%，方可移运、吊装和存放。

图 26-9　板梁铰缝凿毛

2. 梁板架设前应清除支座钢板上的杂物（支座预埋钢板在使用前应进行防腐处理）。除特殊情况外，梁体的安装顺序一般由边至中再至边进行安装且同孔梁板的龄期相差不超过 10d，同时应检查各片梁的起拱情况，对同一规格的梁宜根据起拱情况适当调整安装位置，应尽可能使同一孔内各片梁的起拱值一致。

3. 梁板起吊位置应按设计要求预留吊环或吊孔，吊装前吊环钢筋（采用未经冷拉的 HPB235 钢筋制作）应矫正调直，吊绳交角小于 60°时应设吊架或扁担，减小钢丝绳受力且保持吊环垂直受力。钢丝绳捆绑起吊用木板、麻袋等垫衬保护混凝土棱角。

4. 梁板初吊时，应先进行试吊。预制梁的起吊、纵向移动、落低、横向移动及就位需统一指挥、协调一致，并按预定施工顺序妥善进行。梁体安装中，应随时注意梁体移动时与就位后的临时固定（支撑），防止侧倾。

5. 梁片的起吊应平稳、匀速进行，两端高差不宜大于 30cm。梁板起吊后，缓慢落钩至支承面上方 10～15cm 处，待检查校正后，缓慢落钩就位。将已架设梁片预留钢筋焊接成一体，形成整体受力结构后方可拆除吊具。

6. 梁板落吊时轻轻下落，不得扰动橡胶支座，保证板梁就位准确，就位不准或支座与梁底接触面不密实时必须重新吊起，采取垫钢板等措施，使各支座间高差限制在允许偏差范围内，应整体二次垂直起吊移动后再下落，严禁仅吊起一端用撬棍移动预制梁。

7. 采用已架设的单梁作为运输通道架梁时，应对单梁进行施工荷载验算，验算合格后方可施工，并应采取有效的单梁固定和压力扩散措施。

8. 采用双机抬吊同一构件时，吊车臂杆应保持一定距离，必须设专人指挥。每一单机必须按降效 25% 作业（图 26-10、图 26-11）。

图 26-10　双机抬吊架梁　　　　　　　　　图 26-11　单台吊机架梁

26.3.4　铰缝施工

1. 空心板预制完成后，将铰缝结合面凿毛成凸凹不小于 6mm 的粗糙面，以利于新旧混凝土良好结合。浇筑铰缝混凝土前清除结合面上的浮皮，并用水冲洗干净。

2. 空心板吊装就位后，应检查支座脱空及偏压情况，以及缝宽是否满足设计要求。相邻空心板两端以及边板与中板间采用硬木楔和花篮螺杆固定，防止浇筑混凝土时移位。两块板端间用泡沫板嵌填，缝内不得残留混凝土残渣、模板、砂石等杂物。检查抗震锚栓钢套管位置是否符合设计要求。

3. 铰缝底吊模施工，每隔 1～1.5m 设置一道竖向拉筋。先用 M15 的砂浆填塞底缝 100mm 左右，且不高于空心板预埋铰缝钢筋位置，即只灌塞空心板马蹄间隙，用 $\phi 10$ 圆钢人工插捣密实、饱满、平整。空心板变截面处也用同样方法填塞。

4. 空心板预埋铰缝钢筋用钢丝安装绑扎，对空心板侧面及马蹄部位用水湿润，洒水量以不能形成聚集为宜。

5. 铰缝混凝土一般以两道铰缝同时浇筑为宜，浇筑由横、纵坡低的铰缝向高处推进，先浇筑边板铰缝，混凝土坍落度宜控制在 90～120mm，严禁混凝土罐车上桥面。混凝土用长形漏斗入缝，一般分两层浇筑，每层高度不大于 500mm，振捣要均匀，振点间距不大于 400mm，快插慢拔，直至气泡完全排除，混凝土表面泛出细浆为止，铰缝混凝土以略低空心板顶面 10mm 为宜。

6. 保证充足的洒水养生，防止空心板吸收铰缝混凝土里面的水分引起裂缝，铰缝混凝土养生期不少于 7d，铰缝养生期间严禁重型机械设备在桥面行走移动。

26.4 悬臂拼装施工

26.4.1 梁段预制

1. 梁段应在同一台座上连续或奇偶相间预制,预制台座使用前应采用梁段重量的1.5倍荷载进行预压。

2. 梁段预制根据场地情况采用长线法或短线法预制台座。

3. 梁段预制的相关要求参见第26.3节后张法预制梁板的相关要求。

4. 梁段的起吊、运输、存放参见第26.3节的相关要求。

5. 梁块在存梁场,事先编号,对尺寸进行测量并做好记录,核定匹配预制时的误差。逐孔进行通孔检查,清洗孔内杂物,完成缺陷修补,油漆涂刷,对湿接头混凝土面进行凿毛处理,对胶拼面进行清洗。

26.4.2 梁段拼装一般要求

1. 桥墩两侧应对称拼装,保持平衡,平衡偏差应满足设计要求。

2. 悬拼吊架行走及悬拼施工时的抗倾覆稳定系数不得小于1.5。

3. 吊装前应对吊装设备进行全面检查,并按设计荷载的1.3倍进行试吊。

4. 悬拼施工前应绘制架设设备主梁安装挠度变化曲线,以确定各梁段的安装高程。

5. 墩顶梁段与桥墩的临时锚固或临时支撑应符合设计要求。

6. 梁段块件挂好吊点后,两侧块件尽量同时起吊,块件吊离运输设备20cm左右即停止提升,检查起重设备是否正常工作,当确认一切安全可靠后,即可继续提升并撤走运输设备,当块件继续提升至拼装高度后进行试拼。

7. 悬拼过程的测量工作,是控制悬拼线型的重要手段,必须及时提供中线、标高及累计误差值,悬拼时以0号块为基准,以块件端面四点的梁底高程作为控制拼装线型的测量点,采用中线顶底板固定铅垂线控制梁体端面竖直度。

26.4.3 梁段拼装作业

1. 梁块用吊架从运输设备上吊起至一定高度,移动吊梁小车,使预拼梁块与已拼梁块对接入位,检查无误后,再移动吊梁小车,将梁块移开30cm左右,准备涂胶。

2. 胶拼面涂环氧树脂

(1) 涂胶面要用钢丝刷、砂纸打磨干净和保持干燥。

(2) 根据施工需要,选用相应固化时间配方,为便于操作,固化时间一般不少于10h,在24h内达到设计强度,亦可根据施工需要重新拟定时间。

(3) 环氧树脂的配方:根据施工环境温度选用,其实际配合比、固化时间、达到设计强度的时间,稠度—时间变化曲线以及标准强度等指标,均应由试验确定。

(4) 环氧树脂的涂布方法:要先上后下,均匀涂刷,为加快进度,可分几个工作面同时进行涂胶,其厚度以不大于1mm为宜。同时应采取措施保证环氧树脂不流入预应力孔道,对沾染在孔道内侧面的应予以清刮,涂布工作宜在30min内完成,涂布工具宜采用鬃刷。

(5) 胶拼面涂环氧树脂时,采用两面均涂的方法。

(6) 欲涂胶的混凝土面温度不宜低于15℃,否则应采取加温措施。

(7) 梁块胶拼后,要进行遮盖养护,以防雨水浸湿和夏季阳光直射。

（8）涂布环氧树脂的同时，要做试件，与梁体胶拼面接头同条件养护，以此试件的抗压强度决定下一工序的施工时间及环氧树脂的强度等级。

3. 涂胶完毕，移动吊梁小车，使梁块对位胶拼。对位时应使梁块腹板、顶板上的剪力键和箱内底板上画的骑马线对齐、对严。

4. 张拉压胶预应力筋，使胶拼面产生 0.2～0.25MPa 的压力，张拉力应与胶拼面轴对称。

5. 压胶预应力筋张拉后，随即用通孔器通顺无钢束孔道，以免挤出之胶堵塞孔道，梁体外表挤出的胶液应及时刮平。

6. 待环氧树脂强度达到设计要求后，张拉全部纵向束并松掉预压预应力筋。

7. 每段梁块胶拼，钢绞线张拉后切除余量，安装压浆管，待下一段梁块胶拼完后，即可进行锚槽封填作业。

8. 每块拼完后应立即进行测量，对出现的误差在下一梁块悬拼时及时进行调整，并应符合设计和规范要求。

9. 因块件制造误差不能形成严密的拼接面，可用石棉布垫片调整悬拼误差：通过测量确定调整梁块垫片的厚度以及在拼接面上铺垫的位置，抄垫后，使梁块向有利的方向偏移，选用的石棉垫片要经火烧、脱脂处理，处理后的石棉布成网状，易于吸收环氧树脂，便于施工。石棉布的厚度有 1mm、1.5mm、2mm 和 3mm 四种规格，每个拼接面铺垫不宜超过两层。如果一次调整不好，可在下一梁块悬拼时再次调整。

26.5 顶推施工

26.5.1 一般要求

1. 混凝土梁顶推法施工主要包括箱梁预制、临时墩施工、滑动装置、牵引系统、限位纠偏装置及顶推作业（图 26-12）。

图 26-12 主梁推进施工

2. 箱梁预制以支架法施工为主，需保证质量满足设计要求，尤其是滑道上的梁底面的平整度必须满足要求。

3. 临时墩宜采用钢结构，钢管柱在加工厂整体加工，现场采用吊车安装，现场焊接钢管横联。临时墩基础应根据地质条件设计，并在承台施工时预埋连接法兰盘（图 26-13、图 26-14）。

图 26-13　钢管柱整体加工连接法兰

图 26-14　钢管桩整体预制

4. 每个临时墩上均需设置滑动装置，由支承垫石上的 MGE 或者聚四氟乙烯滑块、滑板和调坡钢楔块组成，调坡钢楔块需可靠地锚固在支撑垫石上。在滑板与不锈钢板之间涂硅脂，以减小摩阻力（图 26-15）。

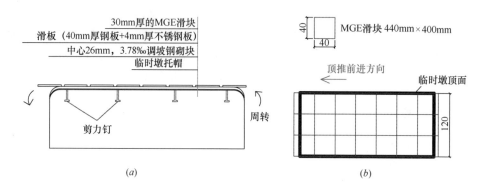
图 26-15　滑动装置
（a）立面图；（b）平面图

26.5.2　顶推作业

1. 在桥梁的顶推过程中，为利于平移滑动滑块从临时墩滑道的一端顺利导入，滑道一端作圆弧处理，同时滑块做斜角处理，并设置储油槽（图 26-16、图 26-17）。

图 26-16　墩顶设置的不锈钢板

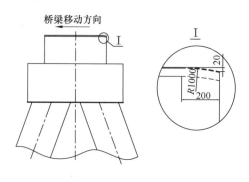
图 26-17　临时墩滑道处理示意图

2. 单点顶推系统由连续牵引泵站系统、牵引索、支撑横梁、梁端锚固块、挂索器等组成。牵引设备设在主塔墩，后锚固块设置在主梁尾端，与主梁同时施工。牵引反力座宜设置在永久墩上，后锚点设置在梁尾端。为防止牵引索下垂，浇筑主梁时从距离牵引反力座进索口外 30m 外开始设置临时托索钢筋，其后间距 5m 直至后锚点位置（图 26-18～图26-20）。

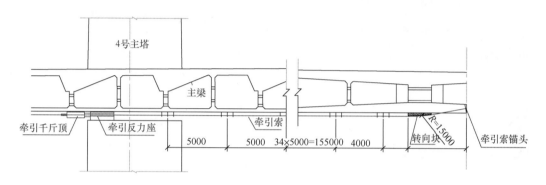

图 26-18　反力座及后锚点立面图

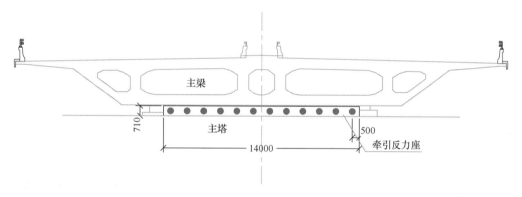

图 26-19　反力座剖面图

图 26-20　后锚及牵引索、连续千斤顶

3. 顶推应视需要设置横向限位及纠偏系统，纠偏千斤顶、橡胶滚轴、顶铁（图26-21）。

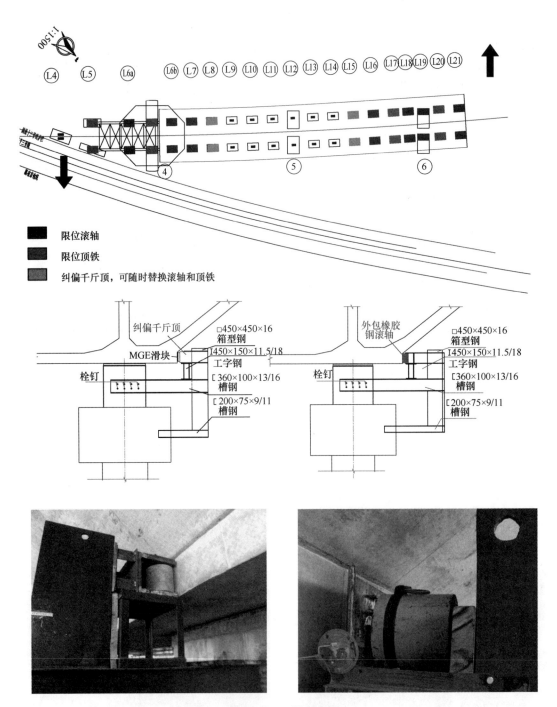

图 26-21 顶推示意图

4. 顶推作业前应检查各装置是否全部安装就位，并对牵引钢绞线进行预紧，保证每束钢绞线受力基本一致。启动顶推，采取分级加载，并实时动态地对临时墩、梁体应力和位移，以及梁体主线偏位进行监测。应力监测采用埋设光纤光栅应变计进行，变形监测采用埋设棱镜头用全站仪进行观测（图 26-22）。

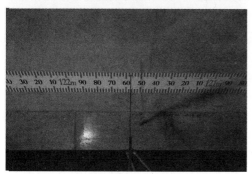

图 26-22　偏位监测

26.6　造桥机施工

1. 针对梁体结构相同且连续孔跨数量较多的简支梁、连续梁等宜选择造桥机进行梁部施工。

2. 造桥机选定后，需将造桥机的相关材料、造桥机支点设置及反力等参数反馈给桥梁设计单位，由设计单位对桥梁主体结构（含墩台）进行验算，确认满足设计要求。

3. 造桥机的拼装、拆除以及梁部施工作业等均需编制专项施工方案。

4. 造桥机拼装完成须进行全面检查，按照不同工况进行试车，并进行相关部位的应力测试，符合要求后形成书面文件，方可正式使用。

5. 造桥机在进行梁部施工前，须对其进行试压，以取得其弹性变形值，对预拱度的设置提供依据。

6. 造桥机施工连续梁时，分段浇筑的施工缝应设置在零弯矩点或其附近，并应提交设计单位予以确认。

第27章 预应力混凝土斜拉桥

27.1 索塔

27.1.1 液压爬模系统

1. 爬模工作原理:爬模的顶升运动是通过液压油缸对导轨的爬架交替顶升来实现。导轨和架体互不关联,二者之间可相对运动。当爬架工作时,导轨和爬架都支撑在预埋支座上,两者之间无相对运动。退模后立即在退模留下的爬锥上安装受力螺栓、挂座体及预埋件支座,调整上下轭棘爪方向来顶升轨道,待轨道顶升到位,就位于该预埋件支座上后,操作人员立即转到下平台拆除导轨提升后露出的位于平台处的预埋支座、爬锥等。在解除爬架上所有的拉结之后开始顶升爬架,这时候导轨保持不动,调整上下轭棘爪方向后启动油缸,爬架就相对于导轨运动,通过导轨和爬架这种交替附墙,互为提升对方的方式,爬架沿着墙体上预留爬锥逐层提升。见图27-1。

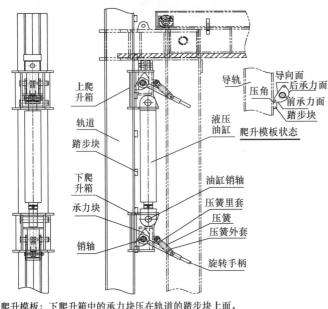

爬升模板:下爬升箱中的承力块压在轨道的踏步块上面,液压油缸伸出,顶升模板。到位后上爬升箱中承力块压在轨道的踏步块上面,模板上升一个高度。液压油缸收缩,提升下爬升箱,使它到上一个踏步块上面,完成一个工作循环。如此循环直到模板到位。

图27-1 液压爬模系统

2. 塔柱外模平板区采用木梁胶合模板,面板采用进口维萨板,面板背面竖向加劲木工字梁,木工字梁外侧横向背楞采用双拼槽钢,背楞与木工字梁用连接件连接,对拉螺杆采用 H 型螺母，内外螺杆直径为 20mm，模板高度根据主塔节段高度设置。对要求清水混凝土以及曲线变化的塔身可采用钢模板，钢模板的变曲可通过螺栓进行调整。见图27-2。

图 27-2　塔柱外模平板

3. 塔柱内模根据现场情况自行加工制作，在塔柱壁厚变化节段及下上塔柱连接施工段采用木模板施工，在上、下塔柱壁厚固定部分采用钢模板和木模板结合施工，内模倒角及变截面拆分部分采用木模，其余部分采用定型钢模板。内模通过支撑杆与操作平台连成一体，通过支撑杆实现模板定位及脱模等功能，支撑杆一端支撑在模板槽钢背楞上，另一端支撑在塔内操作平台上，每面模板设置两道支撑杆。塔内平台通过牛腿构件支撑，牛腿构件螺栓与混凝土中未拆除锥形螺母固定。

27.1.2　主塔

1. 主塔内应预埋模板体系预埋件，方便安装爬模轨道。主塔施工时须使用劲性骨架，用于索塔施工导向、钢筋定位、模板固定，亦可为上塔柱预应力和斜拉索导管安装定位用。

2. 主塔施工根据钢筋长度（如 9m、12m）确定主塔节段高度（4.5m、6m），同时确定劲性骨架的高度（4.5m、6m）。见图 27-3。

图 27-3　主塔爬模施工

3. 主塔劲性骨架

（1）劲性骨架应满足主筋接长时稳定和倾斜工况下自身强度、刚度和稳定性要求，满足钢筋定位的需要，还应便于加工、运输和现场吊装。

（2）劲性骨架立杆桁架加工完成后，运输至现场吊装。为了保证桁架在运输过程不发生较大的变形，在运输车辆上使用方木在支撑断面处进行支垫，并尽量保持水平，使用绳索进行固定，以防止其翻落，桁架起吊采取四点吊。

（3）承台、塔座施工时先预埋劲性骨架，其预埋部分伸出混凝土浇筑节段顶面 20cm。

在预埋的桁架连接板上按倾斜角度焊接限位角钢。用塔吊吊装劲性骨架，当桁架对角立柱进入焊接板上的限位装置内后，由测量人员校核其倾斜位置是否符合要求，当达到要求后，立即将劲性骨架与连接板焊接固定。后在劲性骨架周边以及桁架内搭设临时钢筋安装施工平台。

4. 为保证混凝土接缝平整顺直，混凝土浇筑完毕后，以模板顶口线为基准，对1.5cm范围内混凝土接缝面修正、压实、抹平处理，凿毛由人工进行，必须保证上下层混凝土接缝顺直，再用压缩空气或高压水将水泥砂浆和松散层清理干净。浇筑节段的模板底部应压紧已浇筑节段的混凝土面，顶部外表面清理平整并粘贴双层胶带，防止模板底口漏浆和错台。混凝土浇筑前，再次对接缝表面进行检查清理，浇筑过程中接缝两侧的混凝土应充分振捣。

5. 模板每向上提升一节段，应及时修补模板对拉螺杆留下的螺杆孔，先用水泥砂浆填充，待凝固干缩后用水泥砂浆或水泥浆（掺入一定量粘胶）补填，再用调好色泽的白水泥浆抹面，最后用角磨机打磨。

6. 及时修复混凝土外观质量缺陷。混凝土表面的局部小突瘤、接缝不齐等采用角磨机打磨；混凝土表面少量气泡，先用索塔混凝土同强度等级、同品种的水泥掺入一定量的白水泥和粘胶配成专用腻子填平打磨；对蜂窝、麻面，先凿除松散层并用钢丝刷清理干净，再用压力水冲洗及润湿后填平打磨；对仅影响外观的细小裂缝，用赛柏斯或环氧胶泥等封闭处理，再用白水泥浆抹面并以细砂纸打磨平整。若裂缝较宽较深较长，应进行封闭灌浆，并用白水泥浆修饰表面。

27.1.3 横梁

主塔下塔柱一般为略向内倾斜的混凝土结构，塔柱施工过程中，合拢前为了调整主塔内应力及线形，需设置水平横撑来施加顶力，水平横撑可采用钢管柱组拼。见图27-4。

图 27-4 设置水平横撑

27.1.4 斜拉索导管

1. 根据设计要求计算索导管和上塔柱劲性骨架位置坐标，加工安装劲性骨架。

2. 加工索导管，在劲性骨架上设置索导管临时定位平台，准确在劲性骨架上定出索导管的位置，定位时由测量人员根据设计提供的三维坐标，在劲性骨架上标识索导管两端中心位置，通过不断调整索导管的角度直到满足设计要求的位置，并进行复核检查无误后将索导管焊接在劲性骨架上。见图27-5。

图 27-5　索导管安装

3. 索导管就位后，在模板安装之前用薄钢板将索导管上下口封死，防止浇筑混凝土时混凝土进入索导管。

4. 索导管安装精度应满足设计要求，且轴线允许偏差为不大于 5mm，并根据监控要求进行预抛，宜控制在 20mm 左右。

27.2　主梁

1. 当主梁设计为非塔、梁固结形式时，须采取塔、梁临时固结措施，且临时固定措施及临时固定措施的解除程序须经设计确认。

2. 主梁施工前，须确定主梁上的施工机具类型、数量、重量、位置以及在施工过程中的位置变化情况，并经设计和监控单位同意，在施工中不得随意增加或随意移动机具设备。

3. 主梁施工采用支架法、挂篮悬浇施工应符合本篇第 26.1、26.2 节的相关要求。

4. 主梁采用悬拼法施工时，应根据设计索距、吊装设备的起重能力确定预制梁段的长度，且宜采用长线法台座、齿合密贴浇筑工艺，其他要求参见本篇第 26.4 节的相关规定。

5. 合拢段施工要求参见本篇第 26.2 节的相关规定。

27.3　拉索和锚具

27.3.1　放索

1. 斜拉索进场时根据索盘大小盘成圈索，用吊机将此拉索吊至放索盘内。放索盘放置于要安装索的下锚端附近，吊索时应沿索周边设置 3 个起吊点，使索受力均衡，并采取

图 27-6　放索施工照片

措施保证斜拉索的 PE 防护套不受损坏。放置拉索时必须注意将张拉端的索头放置索盘的外侧。见图 27-6。

2. 用吊机将斜拉索的锚头牵出，安装索夹具、牵引工装后，将索头提升至上塔柱，再通过桥面的卷扬机牵引桥面索盘将索体放开（图 27-7）。为减少索体与桥面摩擦损害 PE 防护套，在牵引水平直线段时用放索托架（或圆枕木）托起索体，并根据索体的重量和垂度每隔 3～6m 设置一个放索拖车。现场还要安排专业 PE 修复、清理人员，发现索 PE 破坏应及时修复和清理。

图 27-7　桥面牵引拉索示意图

27.3.2　上锚点安装

上锚点的安装分为索头吊装和上锚点软牵引安装两部分。索头的吊装应用卷扬机进行，小吨位斜拉索也可用塔吊吊装。索头起吊至安装位置后，由上锚点软牵引工装完成安装。见图 27-8、图 27-9。

1. 吊索吊装时，应根据索体的重量和卷扬机的类型设置滑轮组。为保护索体必须在索体的吊点处设置吊索夹具，夹具接触面用 1cm 厚优质橡胶包裹索体。吊索夹具的安置设在大于索导管 1m 范围左右，每根索应设置两个夹具，采用二点吊。后吊索夹具在软牵引施工时可作为调整使用，以调整索体位置方便牵引，并释放索刚度和曲度造成的扭转。

图 27-8　上锚点安装施工

2. 上锚点牵引安装，索体长度小，自重小的索体可采用卷扬机直接牵引到位的方式进行施工，索体长度大，自重大的索体可采用钢绞线软牵引的方式进行施工。

（1）采用卷扬机直接牵引时，当索体吊至索导管位置处，立即安装牵引工装，将钢丝绳与索头通过索头转换螺母连接一起。通过卷扬机牵引和塔式起重机提升相互配合，将索头牵引就位。

（2）卷扬机软牵引吊装施工顺序：

当索体吊至索导管位置处，立即安装软牵引工装，固定钢绞线和锚具。安装上锚点时保持拉索始终处于松弛状态，上锚点软牵引工装只需要按照被吊拉索的重量设计即可（图

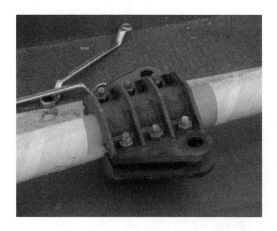
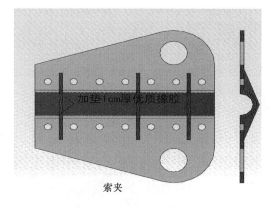

加垫1cm厚优质橡胶

索夹

图 27-9　上锚点安装夹具

27-10)。为方便下锚点安装，上锚点牵引用钢绞线长度为 10～20m。操作平台采用专门为挂索和张拉设计的操作平台，平台的位置和布置根据索孔的位置和标高灵活调整。

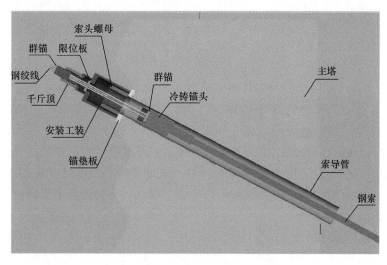

索头螺母

群锚　限位板

钢绞线

千斤顶

群锚

冷铸锚头

主塔

安装工装

锚垫板

索导管

钢索

图 27-10　上锚点软牵引工装组装图

在索导管口周围设置至少两个预埋点，通过两个 3t 倒链及牵引提升精确调整索头进入索孔的角度，同时与软牵引工装配合牵引索头。

将软牵引钢绞线穿入索导管内，并将钢绞线、锚具、承力架、螺母和千斤顶等组成的软牵引工装组合成一体。通过张拉索软牵引工装处的钢绞线将索体牵引至上锚点位置。具体步骤为：安装承力架，千斤顶，锚具，螺母，限位板等工装→张拉钢绞线运行至一个千斤顶的缸长→承力架处锚具自锁钢绞线→千斤顶卸油退缸，此为千斤顶一个工作长度，重复此项操作直至上锚点索体牵引到位，当上锚头螺母露出锚垫板后，应立刻扭转螺帽，将上锚端临时就位。

就位后将牵引工装拆除，安装张拉工装。

27.3.3　下锚点安装

由于索长度和自重的增加，索的安装牵引力也逐步增加，故下锚点安装也采用下锚直接牵引法及上锚回退牵引法两种形式进行安装。对于部分牵拉力小的索体且能满足下锚牵引施工空间要求的采用下锚直接牵引法，对部分牵引力大的索采用上锚点加长硬牵引杆牵引法安装下锚点。具体如下：

1. 下锚直接牵引法：在下锚点的梁内安装软牵引工装，通过软牵引将下锚端牵引就位。待索体就位后，根据锚固端的安装要求以及索的伸长调整外露丝扣，拧紧固定螺母锚具。见图 27-11。

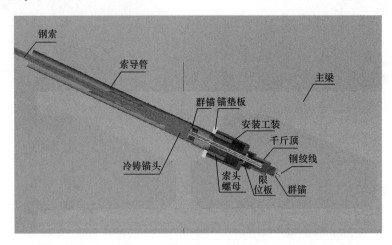

图 27-11　下锚点牵引工装组装图

2. 上锚点加长杆牵引法：对于计算牵引力大于 250t 的斜拉索，需要通过塔上锚杯加长杆的方法将下锚点的牵引力降低至 250t 以内，进行下锚点的安装。上锚点提升前，安装加长硬牵引工装，提升就位后，先安装 500t 或 1500t 的大吨位张拉设备。此时上锚点仍在索导管内，上锚点的临时锚固通过加长的硬牵引杆及专用螺母拧紧。通过加长的硬牵引杆增加挂索的长度，以降低下锚点的牵引力。同时，在下锚点处安装 250t 的牵引设备进行牵引。待下锚点安装就位后，重新张拉牵引上锚点，将上锚点牵引到位，完成大吨位斜拉索的安装施工。

27.3.4　斜拉索张拉

1. 对双索面斜拉桥，斜拉索张拉施工为 4 根拉索同步张拉，应配备 4 台穿心式千斤顶。每台千斤顶配套相应的油泵、数显式油压传感器、读数仪和压力环。数显式油压传感器的精度应达到 0.3 级。见图 27-12～图 27-14。

图 27-12　大吨位穿心式千斤顶

图 27-13　数显式油压传感器和读数仪

2. 张拉工装是张拉千斤顶与被张拉的拉索实现受力传递的工具。张拉工装的设计需要结合诸如索头尺寸、节点构造、张拉操作空间、张拉力、设备型号、拉索伸长值等多方面因素综合设计。由于张拉角度为斜角，故张拉前必须用倒链将千斤顶、承力架调整好位置。使千斤顶、承力架、张拉端锚头在一个形心线上，不偏心。见图 27-15。

3. 斜拉索进行对称张拉，一般分两次进行。张拉过程中对斜拉索索力进行实时监测，同时也对桥梁线形，塔顶偏位进行监测。拉索的索力测量宜采用振动频率法，利用紧固在缆索上的高灵敏度传感器，拾取缆索在环境振动激励下的振动信号，经过滤波、放大、谱分析，得出缆索的自振频率，根据自振频率与索力的关系，来推算索力。

4. 挂索过程中，对当次安装的拉索及其前面 3 组（共 4 组）拉索索力进行测量，并且每张拉完 8 组拉索对索力进行全桥通测，

图 27-14　大吨位油泵

并对索塔变位以及主梁标高进行测量。二次张拉过程中，对当次张拉的拉索及其前 2 组、后 2 组（共 5 组）进行测量，并且每完成 8 组拉索的二次张拉就对索力进行全桥通测，并对索塔变位以及主梁标高进行测量。

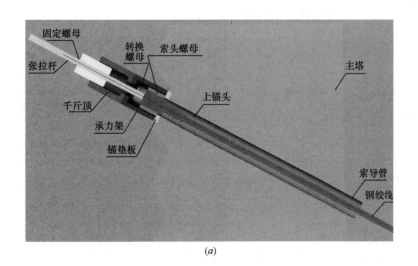

(a)

图 27-15　张拉工装组装

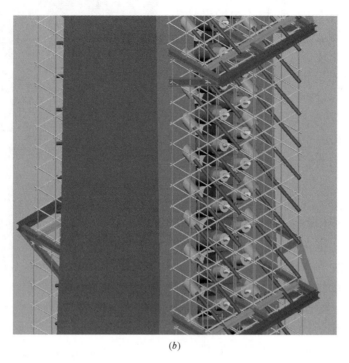

(b)

图 27-15　张拉工装组装（续）

27.4　施工控制和索力调整

主桥上部结构施工测量主要是指混凝土主梁节段的定位测量，通过对主梁的轴线、里程、高程进行控制，使其各项参数满足设计要求。

27.4.1　挂篮控制（牵索挂篮）

1. 主梁1号块采用在落地支架上拼装挂篮承载平台，然后在承载平台上分段现浇完成。

2. 先在支架相应部位用全站仪按主梁中心控制点放出挂篮承载平台安装线，进行挂篮拼装。

3. 2号块浇筑完成后安装挂篮承载平台以外的其他各构造系统，待挂篮前移后在挂篮前端相应部位标出挂篮中心点及里程控制线（如图 27-16 所示：点 A、B 为里程控制点，点 C 为挂篮中心点）。

4. 挂篮在使用过程中，有可能发生变形，每施工若干个节段对挂篮变形量及中心点进行一次检测修正。

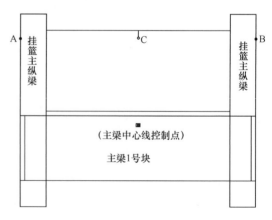

图 27-16　挂篮平面位置控制点布置图

27.4.2 挂篮行走

第 n 节段主梁施工前，先向前行走挂篮就位。在挂篮行走过程中，主要控制挂篮的中线偏移；挂篮行走将要到位前，用全站仪极坐标法测出 A、B 两点的里程（X 坐标），控制挂篮行走量。一般来说，里程误差控制在 ±5mm 以内，中心偏差控制在 ±10mm 以内；挂篮行走到位后，安装止推机构并顶推挂篮精确定位，顶升挂篮就位并锁定，调整挂篮平面偏位。

27.4.3 挂篮标高

1. 挂篮平面位置调整好以后，通过标高调节机构调整挂篮空载状态下前端的立模标高，然后张拉锚杆组系统、安装斜拉索及刚性牵引杆就位，斜拉索初张拉，绑扎钢筋、支侧模。

2. 立模标高调整前，由监控单位根据上一节段施工监测结果进行结构分析计算，预告下一节段立模标高。

3. 主梁变形监测的控制点设置在箱梁顶板，每个控制断面至少设置 3 个控制点，控制点在纵向位于斜拉索锚固点对应的横梁处，并分别设置在线路中心线和两侧防撞墙上，测点用成品的不锈钢测点。控制点埋设应牢固可靠，确保定位后的测点在施工过程中不被移动和损坏，并保证所有的标高测点可在营运期间作长期观测之用，为桥梁的长期安全运营监控提供依据。结构变形测量工作均在日出前 2：00～5：00 进行，以避开日照的影响。见图 27-17。

4. 主梁标高测量采用精密水准仪进行，以正确反映主梁线形是否符合要求，并通过计算各主要施工过程主梁产生的变形，评估结构安全性和索力张拉的合理性。

5. 索塔变形观测控制点在索塔横桥向左右各设置一个测点。将专业测量所用的棱镜固定于索塔表面，索塔变形采用全站仪测量，用以评估索塔受力的安全性和索力张拉的合理性。

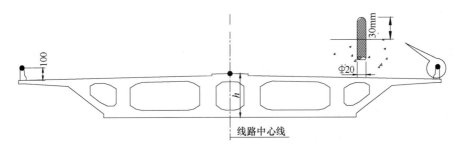

图 27-17 主梁变形监测的控制点

第 28 章　自锚式悬索桥

28.1　锚碇

1. 重力式锚碇混凝土按大体积混凝土的要求进行施工，基坑工程施工的相关要求参见第 1 篇第 1 章的相关规定。

2. 型钢锚固体系的钢构件应在工厂制作，且应有出厂的验收资料，进入现场应进行成品现场检验，确认符合设计要求。

3. 预应力锚固体系，预应力张拉和压浆的相关要求参见第 2 篇第 7 章和本篇第 22 章的相关规定，且锚头应安装防护套并注入保护油脂防腐。

28.2　索塔

1. 索塔施工参见第 27 章第 27.1 节的相关要求。

2. 塔顶钢框架须在索塔上横梁施工完毕且强度达到设计要求后方可进行安装。

3. 索塔施工完成后，须对裸塔的倾斜度、跨距以及塔顶标高进行测量，作为主缆线形计算调整的依据。

28.3　施工猫道

猫道主要由承重索、猫道面层、栏杆、扶手、滚轮等组成。猫道在悬索桥施工中的作用非常关键，必须进行专项设计，并经论证后严格按方案施工。猫道在构造上要求线形应平行于主缆自由悬挂状态下的线形，做到自重轻、挡风面小；同时，要满足机械作业的工作面，并便于安装和拆除。猫道施工过程中应加强测量监控塔顶偏移，严格控制索塔超偏，并设置调节装置，调节猫道承重索受载后产生非弹性伸长。

28.3.1　一般规定

1. 猫道架设应做到对称施工，边跨与中跨作业平衡，减少对塔的偏位影响，控制裸塔塔顶偏位及扭转在设计允许范围内。

2. 猫道承重索可用钢丝绳或钢绞线。承重索的安全系数不小于 3.0。猫道宜设抗风缆，确保其稳定性。钢丝绳承重索须进行预张拉消除非弹性变形，预张拉的荷载应不小于其破坏荷载的 0.5 倍，且应持荷 60min，并进行两次张拉（重复张拉一次）。

3. 猫道挂设完毕，猫道形状及各部位尺寸应满足主缆工程施工需要。猫道面层标高到被架设的主缆底面距离沿全长应保持一致，宜为 1.3～1.5m；猫道净宽宜为 3～4m，扶手高度宜为 1.2～1.5m。

4. 整幅猫道线形符合主缆空缆线形要求。满足猫道施工空间需要及横向稳定性，检查猫道栏杆、防护网、防滑木等安全措施；猫道面层宜由阻风面积小的两层大、小方格网组成。抗风缆采用钢丝绳时，使用前应采用预张拉。

5. 猫道承重索架设后要进行线型调整，应预留 500mm 以上的可调长度，各根索的跨中标高相对误差宜控制在±30mm 之内。

28.3.2 准备工作

1. 猫道与塔端连接装置，应在索塔混凝土浇筑前在索塔中跨边跨两面塔壁内预埋锚固钢板，将猫道连接件钢板焊接于预埋钢板上；现场焊接加工拼装全桥调节装置，中跨侧猫道调节装置上端与连接钢板用插销连接。边跨侧连接钢板直接焊接在塔端预埋钢板上，边跨承重绳与连接钢板用插销连接，边跨也设调节装置，调节装置的可调节长度为 2m。见图 28-1。

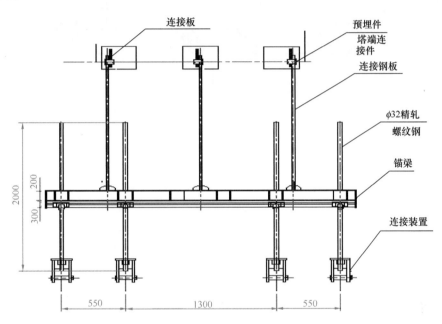

图 28-1　塔端连接装置示意图

2. 猫道与梁端连接装置在两边跨猫道与梁理论交点处焊接钢板。见图 28-2。

3. 猫道面层的宽度应综合考虑主缆直径、边跨主缆间距、紧缆机和缠丝机最小工作空间等要求确定。猫道面在中跨处低于主缆中心 1.2m，边跨处低于主缆中心线 1.4m，以方便主缆安装调整人工操作施工。见图 28-3。

4. 为防止温度误差，猫道承重索在使用前应选择在温度较稳定的夜间进行张拉，场地受限制时，可分段进行。张拉完毕后按设计长度下料，用钢丝绳夹头分别锚固于塔端、锚碇表面的连接件上，承重索分中跨和边跨两跨分开布置。

5. 猫道横梁采用槽钢制作而成，按 3m 间距交替布置，用 U 形螺栓将横梁与承重索扣紧固定。

6. 猫道面网底层用 $\phi5.0$（孔 60mm×60mm）的大方眼焊接钢丝网，增加面层刚度。面层用 $\phi1.0$（20mm×20mm）的小方眼钢丝网，以防小工件坠落。在底层和面层两层钢丝网上每隔 0.6m 绑扎固定规格为 60mm×40mm×800mm 的防滑木，用钢丝连于面层上。

7. 猫道面层内侧每隔 6m 设一个滚轮装置，滚轮装置总高度为 0.5m。在塔顶两侧出

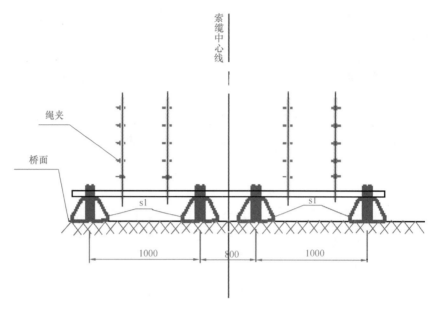

图 28-2　梁端连接装置示意图

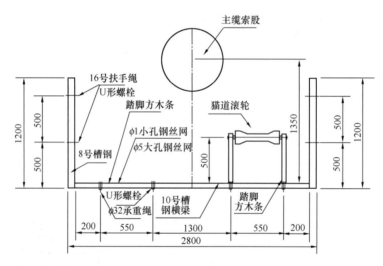

图 28-3　猫道横向构造布置图

口 10m 范围内的滚轮,其高度相应增加,缓和索股通过塔顶的弧度。

8. 猫道两侧每 6m 设一根槽钢立柱,立柱下端固定在槽钢横梁上,立柱上设 2 根 $\phi15$mm 钢丝绳作为栏杆,间距 50cm,用 U 形螺栓固定在槽钢立柱上。在两侧的栏杆上用高 1.5m 的 $\phi5.0$(孔 80mm×80mm)大方眼钢丝网进行防护,钢丝网用 14 号钢丝绑扎固定在钢丝绳和立柱上。

28.3.3　猫道安装

1. 猫道中跨调节装置分两端调节,在主塔柱中跨侧安装两个调节装置,调节装置的安装可以利用吊机(或塔顶门架承重牵引系统)配合,将焊接好的调节装置整体吊装,与塔柱上端面焊接好的连接钢板进行连接。边跨调节装置方法与中跨一样,整体安装与塔端连接件进行连接。

2. 自锚式矮塔悬索桥可采用先在桥面铺设猫道，再整体吊装的施工工艺；高塔悬索桥可采用先在桥面铺设猫道，再利用索塔塔顶起重门架整体吊装的施工工艺。锚锭式悬索桥可采用先利用牵引系统，安装猫道连接装置、承重索、横梁、猫道栏杆，再铺设猫道面层、防滑木，安装猫道栏杆钢丝绳、防护网等的工艺。见图28-4。

图28-4　桥面猫道铺设

3. 自锚式悬索桥猫道在桥面铺设完成后，利用吊机配合卷扬机进行安装。将在桥面展开制作好的猫道承重索及面网的一端至塔上与设置在塔上的连接装置连接，桥面端在塔顶连接完成后，通过卷扬机与导向滑车施加反牵引，将猫道承重绳与桥面上固定装置连接，完成猫道承重索与索塔、桥面处的连接。中跨同样利用卷扬机或吊机配合进行猫道安装，一端猫道承重索分别与设置在塔上的调节装置连接后，另外一端猫道整体起吊，通过塔顶导向滑车、卷扬机对猫道施加水平牵引力，将其拉近塔柱端面，将猫道承重索另一端与塔端调节装置连接；锚锭式悬索桥，利用承重牵引系统和配合反向卷扬机进行安装，余同自锚式。见图28-5。

图28-5　猫道安装

4. 猫道挂设完毕后，立即对猫道的线形进行测量，通过拧紧或放松调节拉杆螺母来调整猫道标高，直至整幅猫道线形符合要求。锚锭式悬索桥，在猫道挂设完毕后，先沿纵向通过跨中、1/4 跨等处设置若干道横向人行猫道，增加猫道横向稳定性。再对猫道的线形进行测量，如需调节，通过拧紧或放松调节拉杆螺母来调整猫道标高，直至整幅猫道线形符合主缆空缆线形要求。

5. 猫道吊装前，应做好各项准备工作，对预埋件全面检查，设备安装的坐标、高度核对无误。吊装作业过程中，必须安排专人统一指挥，如因故中断，则必须立即采取措施进行处理，不得使设备悬空时间过长，更不得悬空过夜。

6. 自锚式悬索桥调整好猫道的线形后，可以交叉安装抗风缆。上端与猫道承重索、槽钢连接；下端与桥面焊接吊耳连接，并且用倒链拉紧保证猫道的平衡性；锚锭式悬索桥可设置若干道横向通道，并在通道两侧设置水平交叉钢丝绳，增加猫道横向稳定性。

7. 对锚碇式悬索桥猫道拆除，先在主缆架设、索夹测量完成后，进行猫道调整，将猫道改挂主缆上，拆除猫道门架及猫道横向通道。在完成桥面铺装、索夹最后一次紧固完成、主缆防护及主缆检修通道完成后，拆除整个猫道。

8. 猫道面层网向塔方向开口 1m 以上，同时每隔 8m 用绳索将猫道横梁两端与主缆悬挂保持猫道横向稳定。然后，依次拆除面网、防护网最后拆除承重索。

28.4 主缆架设与防护

28.4.1 准备工作

1. 牵引系统在安装猫道、安装主缆索股使用前，必须进行吊装试运行，检查其系统使用的安全性、适用性。

2. 对猫道的塔端连接可以做保险装置。单幅悬索桥在上下游同时各架设一组相互独立的工作索道，用于主缆索股的架设、索夹、吊杆的安装、主缆的整形以及小型机具、料具的吊运等。

3. 索道分别设置在两根主缆之上，索道线形平行于主缆线形，设置在主缆正上方 5m 的位置，满足主缆安装空间高度需要和构件的吊装需要。见图 28-6。

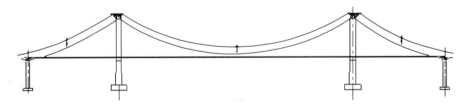

图 28-6 悬索桥索道与主缆示意图

4. 门架先在桥面焊接，用吊机配合整体吊装到塔顶，将门架的柱脚与塔顶预埋件焊接牢固。门架安装时，要保证钢结构、预埋件足够牢靠，现场根据设计图纸检查验收、焊缝必须满足相关规范要求。见图 28-7。

5. 轨道绳布置在主缆上方大约 5m 的位置，处于猫道滚轮支架的正上方，一端在塔顶门架上连接，一端通过锚固区门架与桥面两端锚碇连接。钢丝绳与门架连接处必须做倒角处理，避免钢丝绳因长期工作而磨损甚至断裂。

图 28-7　塔顶支架安装

6. 桥面布置两台卷扬机作为主牵引和副牵引。采用往复式小车牵引系统，牵引索与索股前锚头相连，索道轨道小车将索股前锚头与牵引索吊起一定高度，通过卷扬机牵引使索股运行于猫道滚筒上，而轨道小车则运行于轨道索上。主牵引卷扬机采用慢速卷扬机，负责将主缆沿猫道放开。副牵引卷扬机采用匀速循环卷扬机，负责将主牵引钢丝绳收回。见图 28-8。

图 28-8　轨道系统示意

28.4.2　索股一般要求

1. 索股钢丝不得有任何形式的接头，在生产时焊接的临时接头，应予切除。镀锌前的光面钢丝表面均不得有裂纹、小刺、机械损伤、氧化铁皮和油迹。

2. 索股钢丝应梳理顺直平行，长度一致，无交叉、鼓丝、扭转现象，严禁弯折；绑扎带牢固，索股上的标志点应齐全、准确，防护符合设计要求。

3. 索股缠包带完好，钢丝防护表面无损伤，表面洁净；锚头表面平滑，涂层完好，无锈迹。

4. 索股成品应有合格证，必须按设计要求和有关技术规范要求验收合格方可架设。

5. 主缆安装线形控制分基准索股和一般索股，基准索股按设计线形要求安装、调整，经现场监控单位检测验收合格后，方可作为一般索股参照标准；一般索股按编号安装。

6. 无论基准索股还是一般索股线形调整及检查验收，均应在温度稳定的夜晚23：00～6：00间进行。

索股垂度调整精度：中跨跨中为±5mm≤基准索股，边跨跨中±10mm≤基准索股；上下游基准索股高差±10mm。一般索股相对于基准索股偏差为−5mm，+10mm。

7. 索股入鞍、入锚位置必须符合设计要求，架设时严禁索股弯折、扭转和散开。

8. 主缆索股安装后索股及钢丝必须平行、直顺，不得交叉、缠绕、鼓丝、磨损划痕等。

9. 索股锚固应与锚板正交，锚头锁定位置应牢固。

10. 主缆紧缆孔隙率在一般情况下，索夹外的空隙率为20％，索夹内为18％。

11. 主缆索股的技术参数及检验标准应满足设计和现行规范的规定。

28.4.3 放索

将主缆放索架放在锚固端锚碇内侧，按索股号码的安装顺序，将索股卷盘依次放入放索架内，先用倒链将后端锚头固定好，缓慢将前端锚头从放线架上抽出与牵引系统连接牢固，放索时启动前端卷扬机缓慢放索，沿边、中跨猫道上将索放开，放索过程中应有专人跟踪牵引系统和索股前进，同时要保证索股六面紧密、平整、笔直、不发生扭转。

28.4.4 索股牵引

1. 索股猫道滚筒间距约为6m，在索鞍或坡度变化较大处适当加密。索股在牵引架设时须密切监视，如有着色丝位置变化情况应派人用鱼雷型夹具随时修正，着色丝必须控制在同一个方向上，索股牵引过程中不得发生扭转。索股通过塔顶时，利用牵引系统与倒链的配合进行塔顶索股的转换。索股锚头到达前端锚室后，在卸下锚头前应临时固定，检查索股的整体情况，将索股提起通过散索鞍、前后锚室将索股牵引入锚室预埋管。见图28-9～图28-11。

图 28-9　索股牵引图

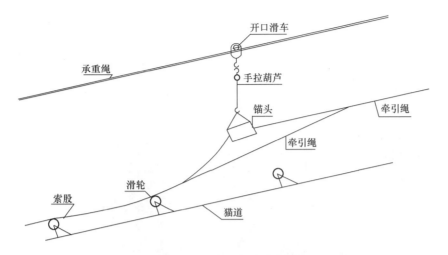

图 28-10　索股牵引示意图

图 28-11　索股牵引安装

2. 索股牵引到位后，利用主索鞍塔顶门架、边跨散索鞍门架等提升系统及提索装置将索股从猫道滚轮上提起，确认索股全长色丝未发生扭转并已达到索鞍高度要求后，通过索鞍门架横移装置将索股整体移至主索鞍、散索鞍正上方。

28.4.5　整形入鞍

1. 鞍座处整形：在索鞍前后约3m处安装六边形夹具，解除索股捆扎带，将索股由六边形整成矩形。塔顶主索鞍由边跨向中跨进行，散索鞍由锚跨向边跨进行。整形时整形段索股应处于无应力状态，采用整形器完成，索股钢丝保持平顺，不得交叉、扭转、损伤钢丝。

2. 整形完成后，索股入鞍时由中间标记点向两侧进行，入鞍时要再次检查并严格控制索股着色丝在鞍槽的位置，保证每根钢丝平行以防索股扭转。各索股入鞍顺序按设计要求，放入鞍槽内设计位置。见图 28-12。

图 28-12 索股入鞍

3. 由于需要调整索股线型，索股入鞍只能在夜间温度稳定时段进行，白天入鞍的索股应位于相同截面的同一排上，不允许未调整线形之前产生挤压现象；待调整的索股必须位于调整好的索股的上方，初步调整各跨索股高程，中跨预抬高 300～400mm，边跨预抬高 100～200mm，以免垂压、缠绞其下面的索股，并便于夜间进行矢度调整。见图 28-13。

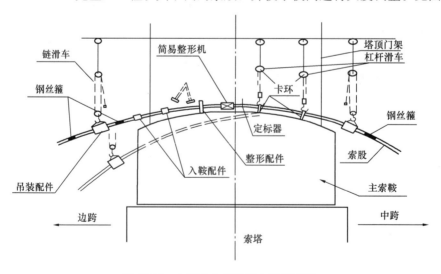

图 28-13 主缆在主索鞍处入鞍示意图

4. 索股整形完成后，两端锚头穿入锚碇索管内，旋上锚固螺母临时锚固，要求锚具与预埋板中心同轴，且锚固螺母位于锚头最端头。索股应按先入鞍后入锚顺序进行。

28.4.6　线型调整

索股架设及线形调整分为基线索股架设和普通索股架设两类，1号索股为主缆的基准索股，其余为普通索股。索股垂度调整必须在温度稳定时（一般在 23：00～6：00）进行，索股垂度调整温度的稳定条件为长度方向索股的温差 $\triangle T \leqslant 2℃$；断面方向索股的温差为 $\Delta T \leqslant 1℃$，不具备以上条件时，待条件成熟时再进行。

1. 绝对垂度调整及基准索股线形锁定

（1）基准索股调整前，应现场测定实际基准索股下缘垂度高程、跨长、塔顶标高及变位、主索鞍预偏量、散索鞍预偏量以及温度。计算出索股移动量与各跨跨中垂度、温度变化的对应关系数据表。

（2）主缆垂度和调整量，应在气温与索股温度等值后经计算确定。其垂度高程应连续3天在温度稳定时进行观测，3次观测结果误差在设计要求及规范允许范围内，取其平均值作为该基准索股的标高。

（3）基准索股调整应在晴朗、风速小、气温稳定时段的夜间进行。垂度调整允许误差：基准索股中跨跨中为 1/20000 跨径，边跨跨中为中跨跨中的 2 倍；上下游基准索股高差 10mm，一般索股（相对于基准索股）—5mm、10mm。

（4）基准索股的绝对标高控制采用三角高程测量法，利用全站仪进行测量：在跨中中点位置及边跨中点位置固定一个棱镜，分别在两岸距桥约 100m 的地方设置全站仪测站，通过全站仪观测基准索股上的棱镜，经计算后得出基准索股中点的绝对坐标。基准索股的绝对垂度调整在对跨长、外界气温、索股温度测定后进行。根据测量结果计算出索股绝对垂度调整度。

（5）垂度调整的顺序为先调整中跨段，再调整两边跨（图 28-14）。调整中跨段索股垂度时，选一侧塔顶索股为固定端，将索股位置标志与鞍座中心标志重合并固定。在另一侧塔顶用倒链和握索器移动索股来进行中跨索股调整，直至索股的移动量符合垂度调整量。

（6）边跨垂度调整方法同中跨，可两边同时进行，在边跨索股锚固端安装调整装置，调整移动跨内索股直至索股的移动量符合垂度调整量。移动索股时，各鞍座部位为了消除索股间的摩擦，可用塑料小锤敲打，同时要注意不破坏索鞍整形。调整完毕后在塔顶鞍座内和索股上做出标记，然后在各塔顶鞍座部位临时固定索股。

（7）锚跨张力调整，由于在锚跨（临时散索夹与锚碇之间的索股）不能进行垂度调整，须进行索力控制，索力的调整以设计、监控单位提供的数据为依据，其调整量可根据调整装置中千斤顶的油压表的读数和锚头外露量双控确定。以线性控制为主，油压读数作为参考。见图 28-15。

（8）索股垂度控制应选择气温稳定、风小的时间段进行。

2. 相对垂度调整

（1）一般索股相对垂度调整方法与绝对垂度调整基本相同。但相对垂度调整时，要在对下面的索股若即若离的状态下进行。相对垂度调整可用倒链或者小型张拉机具进行。见图 28-16。

（2）垂度调整在要调整的索跨段，须排除干扰或障碍，尤其不能使未调整的索股压在

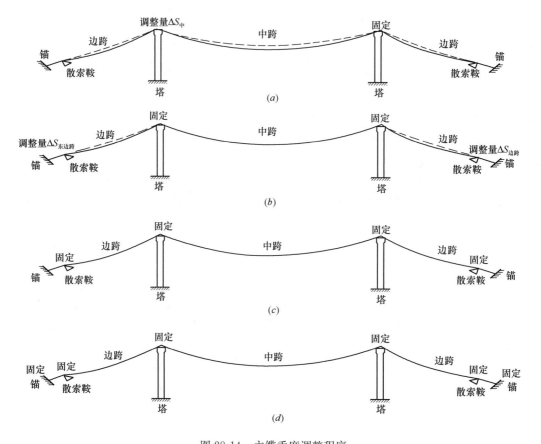

图 28-14　主缆垂度调整程序

（a）中跨索股的调整；（b）边跨索股调整；

（c）锚跨索股调整；（d）索股调整完毕

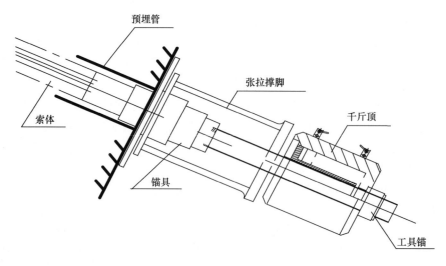

图 28-15　主缆张拉示意图

已调整垂度的索股上面，或者索鞍出口仍保留有夹具或握索器等。已经调整好的索股须做好保护工作，防止索股滑移、走形或散丝，同时做好标记。根据索股长度的误差合理确定锚固锁紧螺母的位置，要注意螺母是否悬空，必要时适当增减垫块。垂度调整工具宜用倒链或小型张拉机具张拉索股，注意缓慢加压或卸压。调整过程中禁止人员在猫道上来回走动，或者晃动索股，影响测量精度，并注意持续保持索鞍的限位。

（3）索股垂度调整时采用预拉高一定距离，根据索股移动量与各跨跨中垂度、温度变化的对应关系数据表缓缓下放，使调整索股由高到低步步逼近，直到设计位置。

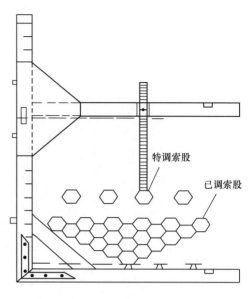

图 28-16　相对索股调整示意图

28.4.7　紧缆

全部索股架设且空缆线形调整完毕后，即可进行紧缆作业，分成预紧缆和正式紧缆两步。

1. 为了使主缆索股沿全桥分布均匀，预紧缆可分成若干区段分别进行。预紧缆应在温度比较稳定的夜间进行。索股的绑扎带采取边预紧边拆除的办法。先将预紧点附近6～7m范围的外层绑扎带解掉，在主缆外层包麻布袋或塑料布条保护索股。装上 $\phi16mm$ 镀锌钢丝绳千斤头，收紧手拉葫芦，边用加压器加压边用大木锤沿主缆周围敲打、振动，使主缆大致成为圆形。预紧缆的目标空隙率在 $25\%～28\%$ 之间。预紧缆完成用不锈钢带捆紧，每隔5m一道，保持主缆形状。见图28-17～图28-19。

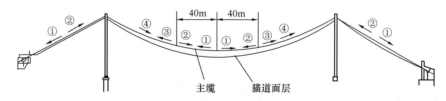

图 28-17　预紧缆顺序示意图

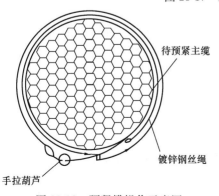

图 28-18　预紧缆操作示意图

图 28-19　预紧缆

2. 正式紧缆用紧缆机由简易缆索天车移动。先启动两台紧缆机作业液压千斤顶，当紧缆机轴线和主缆中心线重合后，再启动其他两台千斤顶，协调好4台千斤顶的顶进速度，当4台千斤顶达到一样冲程之后，一起联动加压，保持接近相同的油压挤压主缆。注意保持钢丝的平行，不能有交叉及里外窜动的现象。见图28-20、图28-21。

图 28-20　紧缆机工作

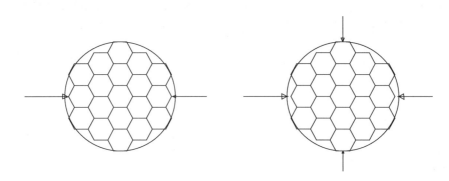

图 28-21　紧缆机操作示意图

3. 正式紧缆顺序是由各跨中向主索鞍和散索套方向进行。当空隙率达到设计要求时，在靠近紧缆机的地方打上两道钢带，钢带间的距离为10cm左右。松开紧缆机，移到下一个紧缆点，紧缆点的间距为1m。这时，再复测上一个紧缆点的周长，并把所在位置及周长记录下来。见图28-22。

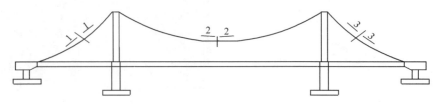

图 28-22　正式紧缆顺序

4. 空隙率的大小直接影响主缆直径，进而影响索夹安装，因此在紧索时要严格控制空隙率的大小，使其尽可能地满足设计要求。主缆紧缆完成后，先进行捆扎并安装索夹，待桥面施工完成后，进行缠丝等防护工作。主缆在主索鞍鞍座及锚室入口等处采用喇叭形缆套密封防护。主缆的索股锚头直接锚固在锚跨锚箱的后锚面上。

28.4.8　主缆防护

1. 在桥面荷载体系转换完成，桥面的铺装施工结束后，进行主缆缠丝防护工作。主缆缠丝前对主缆表面进行彻底清洗，清洗干净后涂刷防护层。

2. 用缠丝机从低处向塔顶方向密缠 $\phi 4$ 的镀锌软质钢丝。先用特制工具逐圈将钢丝推入索夹槽隙中就位后开始缠丝，边缠丝边刮涂不干性密封膏，并及时清理刮平挤出的密封膏，对丝间进行固焊。缠丝拉力为 2kN，缠丝后用防水腻子对索夹进行嵌缝，涂抹磷化底漆及面漆。为了防止缠丝松散，主缆正常缠丝后，4 根缠丝股每隔 1m 左右应并焊防松，软钢丝对接接头处每股除对焊 1 点外，前后还要与左右并焊 2 点。见图 28-23。

图 28-23　缠丝机工作示意图

3. 缠丝后要求丝间最大缝隙小于 1mm，缠丝密度大于 240 圈/m，缠丝间防松并焊点数小于 2 点/m，缠丝张拉力大于 2kN。

4. 主缆缠丝后清洁主缆表面，根据主缆不同位置，按设计要求和有关施工技术规范进行防护工作。

28.5　索鞍、索夹与吊索

28.5.1　一般要求

1. 索鞍成品必须按设计和有关技术规范要求验收合格，并有产品合格证，方可安装。

2. 预埋鞍座底板较重，安装时精度要求非常高，浇筑索鞍底座混凝土前必须对安装调整好的钢格栅或底座连续 5 天每晚 12：00 后进行全桥连续测量观测，确保位置稳定后，方可浇筑。底座混凝土应振捣密实，强度符合设计要求。

3. 索鞍安装前应进行全面检查，如有损伤，必须处理，索鞍表面必须清洁，防护涂装完好无损。索槽内部应清洁，不应沾上会减少缆索和索鞍之间摩擦的油或油漆等材料。

4. 主索鞍在安装时根据计算出的监控指令进行预偏设置，体系转换过程中对主索鞍的位置进行调整。计算主索鞍的顶推力以及顶推位移，并根据其设计、安装合适顶推反力支架，并且选择合适的千斤顶完成主索鞍的顶推工作。

5. 索鞍就位后必须临时锁定牢固。

28.5.2 索鞍吊装

1. 主索鞍安装时，吊点选取在鞍座顶部的锚栓孔内（图 28-24），安装应在白天连续完成，严禁在风速六级及以上时、大雨、雾天进行吊装工作。

图 28-24　索鞍吊点示意图

2. 索鞍吊至塔顶后，先暂时放置于底板面（图 28-25）。利用塔顶主索鞍专用起重设备配合，将其进行对中、预偏。预偏完成后，用型钢顶住索鞍，防止索鞍在施工过程中产生移动。型钢固定装置必须到全桥体系转化时，方可拆除。

图 28-25　塔上门架图

3. 主缆在索鞍承揽槽内逐股放线定位全部完成后，采用锌质填块封填（图 28-26），上好压板，紧固螺栓，完成主缆在索鞍内的定位固定。成桥后，鞍体应与底座平板采用高强度螺栓予以固定，索鞍上还应设置保护罩，以避免索鞍的长期暴露。

图 28-26　锌块填压

28.5.3　索鞍安装调整

1. 为了调整索夹安装、吊杆张拉或箱梁吊装、桥面系施工几个阶段对主索鞍的影响，应通过对主索鞍的预偏顶推来调整主塔的偏位。预偏顶推根据设计及监控单位提供的顶推指令数据，在体系转换过程中分次顶推到位。主索鞍的顶推采用千斤顶，在需要顶推到达的位置上焊接临时限位块，解除之前的临时限位装置。顶推前应确认滑动面摩阻系数，严格控制顶推量。

2. 主桥施工过程中如塔顶偏移量过大可通过调整索鞍偏移量分阶段调节，利用塔顶反力支架，用千斤顶将鞍座推到设计位置，然后固定鞍座。索鞍偏移量的调整应严格按照监控指令进行，顶推前应确认滑动面的摩擦系数，严格掌握顶推量，确保施工安全。完成二期恒载后，再次调整索鞍位置，使索鞍回到无偏移状态，然后固定鞍座。二期恒载施工阶段，是对结构进行加载的动态过程，施工顺序直接影响结构受力和变形，必须对其施工顺序进行重点控制。在主索鞍顶推预偏时，主缆与主索鞍不得产生相对位移。见图28-27。

3. 主缆紧缆结束后，在安装索鞍上半部时应征询设计、监控单位意见同意后，即可安装索鞍压紧装置，对鞍槽内空隙部分用锌块填满，并用扳手按设计要求拧紧螺栓。

4. 散索套通过锚栓锚固在锚碇内（或梁体端部散索鞍位置），散索套底座部分在主缆安装前安装就位，上部分套体待主缆安装完成以后，与下部套体通过高强度螺栓进行连接。散索套下半部安装在底座板上时，按设计及监控要求设置向锚跨的预偏量，临时固

图 28-27　主索鞍顶推工作示意图

定。并在散索套两端设置定位夹具，以保证在架设主缆期间，每根索股在散索套内的位置排列准确。架设完单边主缆索股后，安装散索套上半部，扭紧高强度螺栓。散索鞍上半部安装，主缆紧缆结束后，即可散索套的安装。用吊机将散索套的另一半合上，上紧螺栓副，并用液压扭矩扳手紧固。

28.5.4　索夹与吊索安装

1. 悬索桥体系转化应严格按照体系转换施工方案，在施工过程中，其吊杆张拉（或钢箱梁吊装）应严格根据监控的指令进行。钢箱梁吊装、吊杆索力张拉达到设计、监控的规定时，应加强对主塔和塔顶索鞍顶偏的监测。见图 28-28。

图 28-28　索夹安装

2. 应保证吊索顺直无扭转现象，吊索的防护完好，无划伤、擦痕、断裂、裂纹等缺陷。

3. 吊索（杆）张拉时，应加强吊杆张拉力的控制，避免由于变形过大对主缆、索夹和钢箱梁造成损伤。在体系转换各阶段，塔鞍纵向预偏的调整量应符合要求，且张拉循环次数应在满足以上条件下的最小值。吊索宜分 2～3 次进行张拉，逐步到位，吊索张拉应同步、分级、均匀施力，且应以拉力和拉伸长度进行双控，并以拉力为主。

4. 张拉吊索使加劲梁脱离临时支墩后，主梁、主缆的线形应符合设计要求。体系转换后吊索的拉力误差应控制在±2%以内。见图 28-29、图 28-30。

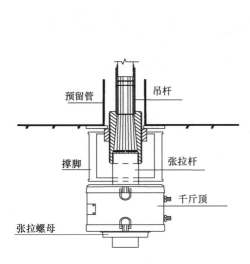

图 28-29　吊索张拉示意图

图 28-30　张拉吊索

5. 吊索索股应根据现场实际测定的主梁制造和主缆的架设误差数值，计算吊索长度修正值，对吊索长度进行修正。在下料基线上用测距仪量出吊索修正后的长度（考虑温度修正量），作好下料标记，然后采用无齿锯切割，切割端面应整齐。吊索索长误差应满足规范要求：标记点间距离偏差小于 1/5000，成品吊索总长度偏差小于 1/3000。

6. 在待安装吊索相应位置的猫道面层上预留长宽为 0.6m 左右的开口，为安装和在体系转换中吊索随主缆移动提供活动空间。利用起重设备将吊杆吊起穿过开口，将上端锚头与索夹耳板用插销连接。对于不需要张拉的吊索，直接将下端锚头放入钢导管并锚固在钢箱梁下端的锚垫板上；对于需要张拉的吊索，先将张拉杆与吊索的下端锚头连接，再将下端锚头放入钢导管内。

28.6　施工监控

悬索桥在施工过程各阶段及运营阶段都要加强监控，根据监测结果进行施工。各阶段主要监控内容如下：

28.6.1　桥塔施工

1. 预埋相应的应力、温度传感器，监测塔的受力状态。

2. 根据主塔的实际重量、实测弹性模量、钢筋的实际用量等结构实际参数，考虑到塔柱的收缩、徐变和弹性压缩，计算塔的预抬量，并与设计值对比，由监控单位发布塔的预抬量监控指令。

3. 收集桥塔完成后桥塔中心、主索鞍底座中心等的实测里程、标高和方向，作为缆索系统的计算依据。

4. 监测主塔线形、倾斜度。

5. 监测桥塔受温度影响的变形曲线。

28.6.2 主梁现浇

1. 布设主梁断面内应力、位移、温度监测点。

2. 监测支架的弹塑性变形。

3. 根据结构实际参数，计算主梁的预抬量，并与设计值对比，由监控单位发布主梁的预抬量、偏移量监控指令。

4. 对主梁施工过程进行全面的监控计算，提出施工控制建议和措施。

5. 对主梁控制截面应力变化进行监控测试。

6. 对主梁各控制点的标高和挠度进行监控测量。

7. 对各临时墩的反力进行测算，计算分析结构的内力状态。

28.6.3 架设猫道

1. 根据猫道施工流程，进行猫道施工全过程计算分析。

2. 提出架设承重绳等各阶段的控制线形、桥塔顶的控制位移，提出施工控制建议和措施。

3. 对桥塔的位移应力进行监测。

4. 猫道架设完成后，进行猫道各跨跨径、标高的测量。

28.6.4 架设主缆

1. 施工单位、监控单位及监理单位三方提供主梁锚固点的实际位置和实际标高、桥塔中心实际位置和实际标高，相互校核。

2. 缆索生产厂家提供缆索的自重恒载集度、弹性模量、索夹重量等实际参数。

3. 由监控单位计算主缆架设时的空缆线形、基准丝股线形、一般丝股相对位置和丝股线形调整控制参数（温度、桥塔变形等影响参数），并确定空缆在各跨的跨度和各点标高。

4. 重新计算鞍座的预偏量，提出施工监控指令。

5. 在基准丝股架设过程中对丝股控制点标高进行监控测量。

6. 监控单位提供一般丝股与基准丝股在控制点相对高差数据表。

7. 紧缆完成后对结构线形进行测量，测量内容：主缆各跨跨径、跨中点标高、索塔顶的坐标等。

8. 观测气温对主缆跨中标高及索塔顶水平位移的影响规律。

9. 监控单位对主缆束股内力进行监测。

28.6.5 安装索夹

由监控单位根据误差分析和成桥线形预测的分析结果，下达调整吊索长度和索夹安装位置的监控指令，提供吊索长度制作表和索夹安装位置表。

28.6.6 吊索张拉与调整（体系转换）

1. 监控单位提出吊索力（自锚式）的张拉调整方案，进行各方案的模拟计算，并与业主、设计院和施工单位共同确定实际的施工方案，下达相应的监控指令。

2. 监控单位在施工过程中进行完全的跟踪分析计算，结合应力、变形测量资料，提出各施工工况的吊索力调整控制值。

3. 确定鞍座的顶推时刻和顶推量。

4. 监控吊索力调整过程中塔顶与梁端变形、主缆与加劲梁的线形。

5. 监控主缆、桥塔、加劲梁、吊索的内力。

28.6.7　桥面铺装和成桥阶段

1. 根据桥面铺装机械和设备情况和拟定的施工流程，计算铺装阶段桥塔、加劲梁的结构内力与变形，提出施工控制监控指令。

2. 根据监控数据，确定成桥时的实际内力状态，提出需要调整的吊索力的控制指令。

3. 计算实际成桥状态的线形和结构内力，并与设计值对比，给出监控结论数据。

4. 对吊索力、主缆锚跨张力、桥塔应力-应变、加劲梁应力-应变进行测试。

5. 对成桥线形、桥塔状态、鞍座复位情况进行测量。

6. 观测日照对结构线形的影响规律。

第29章 桥面系

29.1 桥面排水

29.1.1 排水设施

1. 汇水槽、泄水口顶面高程应低于桥面铺装层 10～15mm。

2. 泄水管下端至少应伸出构筑物底面 100～150mm。泄水管宜通过竖向管道直接引至地面或雨水管线，其竖向管道应采用抱箍、卡环、定位卡等预埋件固定在结构物上。

29.1.2 桥面排水施工

1. 泄水管安装

(1) 泄水管安装应以桥面高程为控制点，并严格按照控制点高程进行安装。泄水管安装后其进水口应略低于桥面铺装层。

(2) 泄水管内表面以及外露部分应进行防腐处理。

(3) 泄水管安装完成后，应及时安装泄水管周边的补强钢筋并灌注混凝土，将泄水管与预留孔洞之间的空腔填充密实。

(4) 泄水管顶部的格栅盖板铺装前，应将沟槽内的杂物清理干净，再进行盖板铺设。

(5) 泄水管疏通时，应由外向内清除堆积物，严禁采用敲击和随意钻孔的方式清孔。

2. UPVC 排水管安装

(1) PVC 管粘结时应将承口和插口上面的灰尘及油污清理干净，并不得有水，胶水的涂刷应均匀，插口插入后应迅速调整好管件的角度，避免胶水干燥后无法转动。粘结时应注意预留口的方向。

(2) 排水管道的安装应先安装横管，再安装立管，检查合格后方可进入下一道工序。

(3) 管道粘结牢固后应立即将溢出的胶水擦拭干净。

29.2 桥面防水

29.2.1 防水层材料选择

1. 当采用沥青混凝土铺装面层时，防水层应采用防水卷材或防水涂料等柔性防水材料。

2. 当采用水泥混凝土铺装面层时，宜采用水泥基渗透结晶型等刚性防水，严禁采用卷材防水。

29.2.2 基层要求

1. 当基层混凝土强度达到设计强度 80% 以上时，方可进行防水层施工。

2. 当采用防水卷材时，基层混凝土表面的粗糙度应为 1.5～2mm；当采用防水涂料时，基层混凝土表面的粗糙度应为 0.5～1mm。对局部粗糙度大于上限值的部位，可在环氧树脂上撒布粒径为 0.2～0.7mm 的石英砂进行处理，同时应将环氧树脂上的浮砂清除干净。

3. 混凝土基层的平整度应小于或等于 1.67mm/m。

4. 当防水材料为卷材及聚氨酯涂料时，基层混凝土含水率应小于 4%。当防水材料为聚合物改性沥青涂料和聚合物水泥涂料时，基层混凝土含水率应小于 10%。

5. 基层混凝土表面的粗糙度处理宜采用抛丸打磨。

29.2.3 防水卷材施工

1. 卷材铺设的环境和温度应满足设计和规范的要求。

2. 卷材防水层铺设前应先做好节点、转角、排水口等部位的局部处理（图 29-1），然后再进行大面积铺设。

3. 采用热熔法铺设卷材时，应采取措施保证均匀加热卷材的下涂盖层，在卷材表面热熔后应立即滚铺卷材且应保证卷材与下涂盖层粘贴牢固，不得出现气泡。见图 29-2。

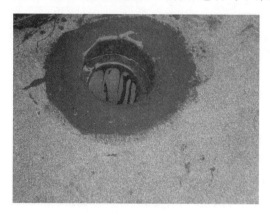 

图 29-1　泄水孔处局部处理　　　　　　图 29-2　热熔卷材摊铺

4. 搭接缝部位应将热熔的改性沥青挤压溢出并应均匀顺直封闭卷材端面。搭接部位的卷材总厚度不得超过单片卷材初始厚度的 1.5 倍。

29.3　桥面铺装层

29.3.1　施工准备

1. 桥面板拉毛，清除浮屑和吹尘，然后用高压水枪清洗桥面，保证桥面平整、粗糙、干燥、整洁，不得有尘土、杂物或油污，桥面横坡应符合要求。

2. 桥面涂刷、满铺防水层，边角（阴、阳角）、拐弯处及不规则部位做好细部处理，阴角、阳角基面做成圆弧或钝角状，角部设加强防水层。防水层成形后立即铺筑保护层，铺筑保护层前严禁包括行人在内的一切交通。

3. 桥面铺装钢筋网宜采用成品钢筋网片。采用现场绑扎的，应先在桥面上将桥中线及桥面边线测出，按设计尺寸用墨线将桥面钢筋网的位置弹出，依照墨线将桥面钢筋铺设到梁面上，所有结点均满扎。钢筋网下垫垫块，上搭设行走支架，不得搁置重物及行人踩踏，保证保护层厚度。

29.3.2　防水混凝土施工

1. 用槽钢作为走行轨道兼作边模，便于控制振动梁行走及铺装层标高。槽钢顶部标高即铺装层顶面标高，测量人员在现场根据设计值抄平确定，槽钢用钢筋点焊固定。

2. 混凝土浇筑前，桥面应充分湿润，以不积水为度。严格按设计要求拌制防水混凝土，适当延长搅拌时间，保证和易性及流动性良好。

3. 混凝土由桥面一端朝另一端施工，按先两边后中间的顺序铺开，虚铺厚度比设计标高略高出 1～1.5cm。振动梁由 4～6 人控制，边铺边振连续跟进，并安排专人跟随挖补。在振动梁振捣过后，由两人拖动滚杆在轨道上来回提浆找平混凝土面，进行第一次抹平。在混凝土面稍收干时，用 6m 刮尺从一端开始朝另一端进行第二次抹平，并用木抹子搓掉浮浆。初凝前，用拉槽器贴着刮尺沿横坡方向拉槽，拉槽深度为 1～2mm。

4. 混凝土初凝后即用麻袋片覆盖桥面，并洒水养护。

29.4 桥梁伸缩装置

29.4.1 一般规定

1. 伸缩装置宜由生产厂家或专业施工队伍到现场负责安装施工，且宜在桥面铺装完成后采用反开槽的方式进行安装施工，否则桥面沥青铺装施工时应注意保护好槽口混凝土，混凝土宜采用低收缩钢纤维混凝土。

2. 伸缩装置宜采用横桥向整体安装，应根据安装温度，调整安装时伸缩缝的宽度，保证缝宽均匀。

3. 应在桥面调平层施工前检查和整改预留槽的宽度，其尺寸应符合设计和规范要求，预埋钢筋的定位应准确，如有遗失应按要求进行植筋处理。

4. 伸缩装置的预留槽口应在桥面调平层施工完成后用素混凝土填平，梁端应塞满泡沫板，缝底应垫衬板，素混凝土中应用泡沫板预留伸缩位置。伸缩装置在桥面最后一层沥青混凝土摊铺完成后施工。

5. 梁端缝隙过大时，应采取有效补救措施进行处理，避免伸缩装置的型钢架空；梁端缝隙过小时，应凿除多余混凝土，保证伸缩装置受力正常。

29.4.2 开槽施工

1. 摊铺沥青混凝土时，应保证连续作业，避免在伸缩装置附近停机而影响该段路面平整度，对伸缩装置的安装质量造成影响。

2. 伸缩装置切缝的位置应根据 3m 直尺的平整度检测情况确定，一般为伸缩缝中心两侧 300～500mm 范围内。

3. 伸缩装置的开槽应顺直，且应保证槽边沥青铺装层不悬空，槽下的混凝土密实。

4. 槽内混凝土表面应进行凿毛处理，对槽内尤其是预埋钢筋根部混凝土及杂物须清理干净。

29.4.3 伸缩装置安装

1. 伸缩装置安装前，应按照安装时的气温调整安装时的伸缩量，并采用专用的卡具将其固定。

2. 安装时应采用水平尺检查伸缩装置顶面与沥青路面之间的高差是否满足要求，伸缩装置宜比桥面沥青铺装顶面略低 1.5～2mm。

3. 伸缩装置的平面位置及高程调整完成后，采用两台电焊机由中间向两端将伸缩装置的一侧与预埋钢筋电焊定位，点焊完毕再加焊，点焊间距控制在 1m 之内。一侧焊完之后，采用气割将锁定解除，并按安装温度调整上口的宽度，调整完成后焊接所有连接钢筋。

29.4.4 混凝土浇筑

1. 混凝土应避免在高温下施工，且应采用较小的坍落度，现场坍落度宜控制在 $80\sim100mm$。

2. 为防止混凝土浇筑时漏浆，影响伸缩缝正常伸缩功能，两端间隙应埋置聚乙烯泡沫板。

3. 混凝土宜在伸缩缝伸缩开放状态下进行浇筑，浇筑时应采取措施防止已定位固定的构件移位，并应在浇筑后及时养护，养护时间应不少于 7d。

4. 伸缩装置浇筑混凝土时，应在两侧 3m 范围内铺设塑料布或篷布，防止混凝土污染已完成的沥青路面。

29.5 防护设施

29.5.1 一般规定

1. 防撞护栏在直线段应不超过 10m 测放 1 个内边缘点，曲线段应根据实际情况确定，并根据放样点弹出护栏的内边线，立模时须根据内边线进行微调，以保证护栏线形顺畅。

2. 护栏的高程如按照桥面调平层作为基准面，则应对桥面调平层的标高进行严格控制，在保证护栏垂直度的同时应保证其顶面高程。

29.5.2 钢筋制作、安装

1. 检查和调整梁板的预埋钢筋，如有缺失应按要求进行植筋。

2. 如果预埋钢筋为设计的主筋截断埋设的，则截断部分与预埋部分应进行焊接连接，先焊护栏主筋，检查符合要求后再绑扎水平钢筋。

3. 泄水管、伸缩缝等预留槽口应采用相应的模具填充在防撞护栏内，伸缩装置预留槽口模具应考虑伸缩装置的安装高度，模具宜采用木模制作，严禁采用泡沫材料。护栏模板安装时，应将预留槽口的模具准确定位并可靠固定。

4. 护栏预埋板应进行防腐处理，预埋板的锚固钢筋插入深度、角度应符合设计要求。

29.5.3 模板制作、安装

1. 防撞护栏宜采用定制整体式钢模板（图 29-3），应具有足够的强度和刚度。模板交角处应采用倒圆角处理。当护栏模板上口空间狭窄、棒振捣困难时，可采用附贴式振动器，以减少护栏俯斜面表面气泡（图 29-4）。

图 29-3 护栏定制钢模板

图 29-4 附贴式振动器

2. 护栏模板应进行试拼并编号，实际安装时按照编号进行，模板之间的接缝处应采用双面胶粘贴，模板与桥面的接缝宜采用橡胶条等材料进行填缝。

3. 模板安装时，应在顶部和底部各设置一道对拉螺杆，或采用其他固定模板的措施。并应在模板内设置内支撑，待混凝土浇筑至此位置后进行拆除。

4 应按设计要求设置断缝，遇有结构物伸缩缝、沉降缝、诱导缝和桥面连续等位置，防撞护栏应断开，扶手做成活动伸缩的形式。护栏分缝处应采用弹性泡沫板填塞，外覆镀锌钢板保护，也可以采用护栏伸缩缝的形式。（图 29-5）

图 29-5　防撞护栏伸缩缝

29.5.4　混凝土施工

1. 防撞护栏混凝土浇筑不宜采用泵车浇筑，可采用溜槽或吊斗，现场混凝土坍落度宜控制在 120～140mm，以减少混凝土表面气泡。

2. 同一跨内的单侧护栏应一次浇筑，混凝土宜采用斜向分三层浇筑的方法，且应做到勤布料、多振捣，一次布料不宜过多，以利于气泡逸出，保证混凝土表面密实。

3. 浇筑至顶面时，应派专人按控制高程准确抹面，并做二次压平收光处理，保证护栏成型后顶面光洁，线形顺畅。

4. 若防撞护栏模板底部采用砂浆找平，则砂浆宽度在满足支模要求后不得侵入护栏实体，在护栏施工完成后进行清除。

29.5.5　混凝土养护及其他

1. 防撞护栏宜采用干净的土工布覆盖，沿护栏顶面布设滴灌管的方式养护，保证其湿润养护时间不少于 7d。

2. 防撞护栏应在浇筑后 30～48h 切诱导缝，诱导缝每隔 2m 应设置一道，缝宽 3mm、深 10mm，不宜完全破坏钢筋净保护层，诱导缝形成后采用沥青膏等弹性物质封闭。

第30章 附属结构

30.1 隔声和防眩装置

30.1.1 安装流程

1. 隔声装置工艺流程

施工准备→基础验收→安全防护设施搭设→测量放线→钢架安装→高强度螺栓连接→龙骨连接板安装→经向龙骨安装→纬向次龙骨安装→防腐处理→隔声板安装→收边处理→检查验收。

2. 防眩装置工艺流程

施工准备→基础验收→防眩板安装→螺栓连接→检查验收。

30.1.2 施工准备

1. 桥梁工程隔声和防眩装置安装前，其防撞隔离墩混凝土强度应达到设计要求。

2. 检查地脚螺栓的定位轴线以及标高是否符合要求。

3. 声屏障的加工模数应由桥梁两端伸缩缝之间的长度而定且应连续安装，不得留有间隙，在桥梁伸缩缝部位应按设计要求处理。

4. 针对直线段、曲线段等各种类型的隔声与防眩装置，应先做长度不小于20m的样板段，符合要求后方可大面积安装。

30.1.3 钢柱安装

1. 钢柱的吊点宜设置在连接耳板的螺栓孔处。

2. 钢柱的起吊应根据柱牛腿长短不同，采用合适的起吊方法。当采用单车回转法起吊时，钢柱就位后应进行临时固定，检查柱底中心线和标高应符合要求，再进行钢柱垂直度校正。检查无误后紧固连接板，高强度螺栓的拧紧扭矩应符合设计要求。

30.1.4 钢梁安装

1. 钢梁的安装应符合优先形成钢框架的顺序进行，即先安装主梁后安装次梁。

2. 钢梁起吊到位先用撬棍定位，再用冲钉调整构件的位置，连接板的螺栓孔对正后，放入临时螺栓固定，待钢梁校正后用正式的高强度螺栓进行初拧和终拧。

3. 安装钢梁时应预留经试验确定的焊缝收缩量。

30.1.5 高强度螺栓

1. 安装前须检查和处理摩擦面，高强度螺栓安装应能自由穿入，严禁硬性打入。

2. 进场的高强度螺栓须有产品合格证和试验报告，并按规定进行取样复检合格，方可使用。

3. 应按规范要求对摩擦面的摩擦系数进行检测，安装螺栓的扭矩扳手应有合格、有效的检测报告。

4. 高强度螺栓的安装方向、紧固方法以及紧固的顺序须符合设计要求。

30.1.6 经向主龙骨

1. 按安装位置在经向主龙骨的扣盖上铣出槽口，并制作纬向次龙骨的安装孔。

2. 经向主龙骨采用螺栓与连接板紧固，安装时，连接板与经向主龙骨的接触面应设置厚度 1mm 的绝缘层，防止金属电解腐蚀。校准主龙骨尺寸后，用校验合格的扭矩扳手将螺母拧紧到规定的扭矩值。

30.1.7 纬向次龙骨

1. 经向主龙骨安装完毕并检查无误后，即可插入纬向次龙骨，并采用自攻钉与主龙骨连接。

2. 纬向次龙骨安装时，应在其梁端加防水橡胶垫片。

30.1.8 隔声板

1. 隔声板安装应沿坡度方向自上而下进行安装。

2. 隔声板安装前须将龙骨框架内清理干净，在隔声板和龙骨的接触面安装密封胶条，胶条应比框内槽口长 2% 左右且断口应留在四角，斜面断开后拼成预定的设计角度，再粘结牢固。

3. 隔声板安装就位后，其四边均匀上框，保证缝隙均匀、板面平整，隔声板的嵌入量和空隙应符合设计要求。

30.1.9 防眩板

1. 防眩板安装应与桥梁线形一致，且板间间距不应大于 500mm。

2. 防眩板的荧光标识面应迎向行车方向，避光角应符合设计要求。

30.2 防冲刷结构

30.2.1 一般规定

1. 砌体用砂浆必须集中拌和，拌和采用能够准确计量的强制式搅拌机且应随拌随用，砂浆必须在初凝前使用，已初凝的砂浆必须废弃。

2. 防护工程采用的混凝土构件应集中、工厂化预制。

3. 挡墙及锥坡工程泄水孔数量、位置及排水坡度应符合实际需求。

4 锥坡填土压实度须符合设计要求。

30.2.2 坡面防护

1. 浆砌片石

(1) 路堤边坡在完成刷坡后应由下往上分级砌筑施工。

(2) 浆砌片石施工前，须清理坡面，达到平整、顺直。

(3) 砌筑石料表面应干净，无风化、无裂缝和其他缺陷，石料应符合设计和规范要求。砌筑时应大面朝下、平铺卧砌，坡脚坡顶等外露面应选用较大的石料并加以修整。

(4) 浆砌片石应分层砌筑，一般砌石顺序为先砌角石，再砌面石，最后砌腹石。

(5) 砌筑片石时，需注意利用片石的自然形状，使其相互交错衔接在一起，石块应大小搭配、相互错叠、咬接紧密。

(6) 应采用坐浆挤浆法砌筑，砂浆应饱满、密实，做到坡面顺直、勾缝平顺、养生及时。

(7) 路堤锥坡砌筑垫层应与铺砌层配合施工，随铺随砌，泄水孔的位置及反滤层的设置须符合设计要求。

（8）在坡面防护完成前，应采取临时防护、排水措施，确保坡面稳定。

2. 混凝土预制块

（1）锥坡混凝土预制块应使用同一厂家的材料，确保混凝土颜色一致。

（2）混凝土预制块进场后须进行外观检查，并经见证取样复试合格后方可使用。

（3）安装前应进行平面位置、坡度和高程的施工放样，以保证预制块的安装质量和外观效果。

（4）预制块基槽底部和后背填料应夯实，安装时须注意线形和高程的调整，做到安砌稳固、顶面平整、缝宽均匀、线条顺直、曲线圆滑美观，完工后及时做好现场清理工作，空心预制块安装完成后应及时进行回填、绿化等工作。见图30-1。

图 30-1　预制块桥台护坡

第 6 篇 隧 道 工 程

第31章　基坑降水

基坑降水一般可分为集水明排法、轻型井点降水法和管井降水法。

31.1　集水明排法

1. 集水明排法适用于开挖深度较浅（2～3m），且涌水量不大的基坑。集水明排法降水深度一般小于2m。土层较密实，坑壁较稳定，降水深度不大，坑底不会产生流砂或管涌的基坑可采用集水明排法降水。选用明排降水时，应根据场地的水文地质条件，基坑开挖方法及边坡支护形式等综合分析确定。

2. 基坑开挖前应明确排水沟位置，排水沟与拟建建筑物基础的间距不应小于0.4m，且距离基坑边坡坡脚应大于0.3m。

3. 集水井应设置在地下水上游位置，其尺寸应根据排水流量确定，集水井的直径或宽度一般为0.6～0.8m，井底标高一般比开挖面低0.7～1.0m。当基坑挖至底标高时，井底应低于坑底1～2m。集水井周边应做临边防护，见图31-2。

4. 排水明沟截面一般采用倒梯形，见图31-1，截面尺寸应根据排水流量确定，一般宽度为0.3～0.4m，沟底标高应比开挖面低0.3～0.4m，沟底宽度一般为0.2～0.3m。明沟纵向坡度不宜小于0.3%。

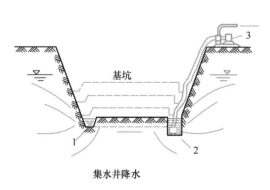

图31-1　集水明排示意图
1—排水沟；2—集水坑；3—水泵

图31-2　集水井示意图

5. 排水沟侧面、底面以及集水井内应采用砂浆抹面防渗措施。

31.2　轻型井点降水

31.2.1　一般规定

1. 基坑开挖较深（3～6m）而地下水位较高时，应采用井点降水。井点降水可分为轻型井点降水和管井降水，当降水量不大时，可采用轻型井点降水（图31-3、图31-4）。

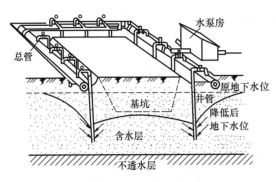

图 31-3 轻型井点示意图

图 31-4 轻型井点实物图

轻型井点法适用于砂土、粉土，含薄层粉砂的淤泥质粉质黏土。一般降水深度可达 3～6m。

2. 轻型井点施工流程为：放线定位—铺设总管—冲洗总管—安装井点管—填放滤料—上部密封—井点管与总管接通—安装抽水设备—试运行—投入使用。

3. 轻型井点布置应根据基坑尺寸大小、排水深度，以及水文、地质等条件并通过抽水试验和计算确定。

31.2.2 井点布置

1. 一般情况下，基坑宽度及降水深度小于 6m 时，可采取沿基坑一边单排井点布设方式，且应布设于地下水流上游一侧，其两端延伸长度不小于基坑长度（图 31-5a）；若基坑宽度大于 6m，或土质不良，渗水系数较大时，宜采用在基坑两侧双排布设井点（图 31-5b）；当基坑面积较大时，宜采用环形或 U 形井点布设（图 31-5c、d）。

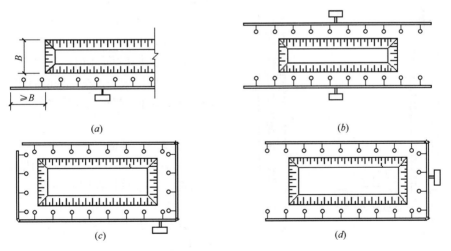

图 31-5 轻型井点降水的平面布置形式
（a）单排井点；（b）双排井点；（c）环形井点；（d）U 形井点

2. 井点距离基坑一般不小于 0.7m。井点间距应根据土质、降水深度、工程性质等经计算确定。

总管四角部位降水井点应适当加密。

3. 在竖向上轻型井点降水可分为一级井点和二级井点。当一级井点系统达不到降水深度时，可采用二级井点，即先挖去第一级井点所疏干的土，然后在基坑底部装设第二级井点，使降水深度增加（图31-6、图31-7）。

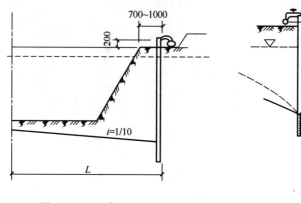

图31-6 一级轻型井点

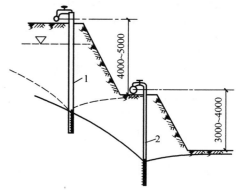

图31-7 二级井点

1——一级井点；2——二级井点

4. 二级井点与一级井点的标高差一般为4.0～5.0m，二级井点与基坑底部标高差一般为3.0～4.0m。

31.2.3 井管成孔

1. 井管成孔施工可采用水冲法或钻孔法。

水冲法利用高压水冲开泥土，井管靠自重下沉，水压一般控制在0.4～0.7MPa（砂土≤0.5MPa）。见图31-8。

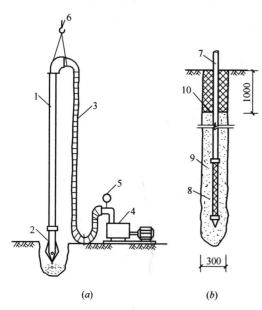

图31-8 水冲成孔法

（a）冲孔；（b）埋管

1——冲管；2——冲嘴；3——胶皮管；4——高压水泵；5——压力表；6——起重吊钩；7——井点管；8——滤管；9——填砂；10——黏土封口

钻孔法适用于坚硬土层或井点紧靠建筑物的情况。

2. 当冲孔达到设计深度时（钻孔深度一般比滤管底深0.5m），应快速降低水压，起拔冲管的同时向孔内沉入井管，并快速填砂，距离地表1m左右深度时改用黏土充填捣实，防止漏气。然后将软管连接到总管上。

31.2.4 其他

1. 抽水设备（离心泵）的轴心高度应尽可能与集水总管在同一高程上；

2. 在同一井点系统中，各根井管长度必须相同，各井管下滤管顶部位置应控制在同一高程上；

3. 滤管一般采用直径38～50mm、长度1～1.5m的钢管，管壁上钻有直径13～19mm梅花状的滤孔。滤孔面积占滤管表面积的20%～25%，并在滤管外侧包裹两层滤网。内层滤网采用30～40孔/cm的铜丝布或尼龙丝布，外层滤网采用 5～10 孔/cm 的塑料纱布。

为使水流畅通，在管壁与滤网间用塑料管或钢丝绕成螺旋状将两者相互隔开。滤网外边用带眼的薄铁管和粗钢丝网保护（图 31-9）。

4. 总管宜采用直径 100～120mm 的钢管，根据抽水量情况，每隔 0.8～1.2m 设置一个与弯联管相接的一个短接头。总管弯联管之间可采用橡胶管相连，连接端头宜用钢筋箍紧，以防漏气、漏水。

5. 井点管上端用弯联管与总管相连。弯联管应使用透明管，以便观察，且宜装有阀门，以便检修（图 31-10）。

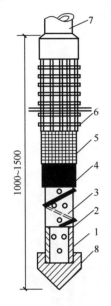

图 31-9　滤管构造图
1—钢管；2—管上小孔；3—缠绕的塑料管；
4—细滤网；5—粗滤网；6—粗钢丝保护网；
7—井管点；8—铸铁头

图 31-10　井点连接图

6. 采用多套抽水设备时，井点系统要分段，各段长度应大致相等，其分段地点宜选择在基坑拐弯处，以减少总管弯头数量，提高水泵抽吸能力，泵宜设置在隔断总管中部，使泵两边水流平衡。

7. 采用环形井点时，宜在总管环圈的一半处装设阀门，以控制总管内的水流方向，改善总管内的水流状态，提高抽水效率。

8. 采用多套井点设备时，各套总管之间应装设阀门隔开，这样，当其中一套设备组发生故障时，可开启相邻阀门，避免总管内水流紊乱。

31.3　管井降水

31.3.1　一般规定

管井降水是指每个井单独使用一台抽水设备抽水的降水方式，其排水量大、降水深，降水效果较轻型井点更强（图 31-11）。管井降水一般适用于渗透系数较大，地下水丰富

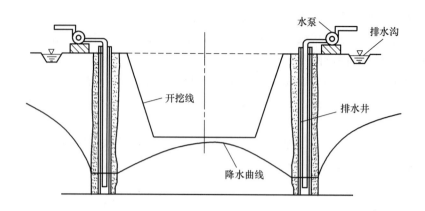

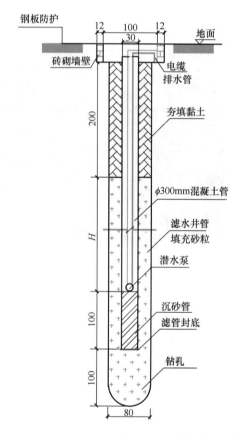

图 31-11　管井降水示意图及实物图

的粉土层、砂土层。

一般可分为降低承压水水头的减压井和降低潜水水位的疏干井。

31.3.2　井点布设

1. 对于长宽比不大的基坑，管井降水井点的平面布置宜采取环形封闭式；对于长宽比很大的基坑，可根据计算在基坑一侧布置单排井（在地下水上游侧布设），或两侧布置双排井；基坑端部管井应适当延长基坑宽度的 1～2 倍。

2. 井点布置在基坑外侧时，距离基坑边缘不小于 1m；管井井距不宜过小，降水管井

井距应满足 $b \geqslant 5\pi D$（b 为管井井距，D 为管井直径）。

31.3.3　施工要求

1. 井筒应具有一定抗压、抗拉、抗弯强度，能承受地层侧向压力，一般可采用钢管或钢筋混凝土管。滤管按其结果不同，可选用单层滤管或双层滤管。

2. 滤料可采用粒径大于滤管及滤网孔径的绿豆砂或瓜子片，一般粒径为 3～8mm，且应符合级配要求，杂质含量不大于 3%。

3. 管井钻孔时，钻孔应埋设护口管，护口管底口应插入原状土层中，管外应用黏性土封严，防止施工时管外返浆。

4. 成孔施工采用泥浆护壁，泥浆密度控制在 1.10～1.15g/cm³，当提升钻具或停工时，孔内必须压满泥浆，以防止孔壁坍塌。

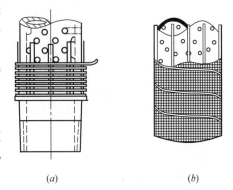

图 31-12　双层进水面滤管示意图
（a）缠丝过滤管；（b）包网过滤管

5. 钻孔至设计标高后，在提钻前将钻杆提至离孔底 0.5m 处，然后进行冲孔清除孔内杂物，同时将孔内的泥浆密度逐步调至 1.10g/cm³，孔底沉淤应控制在 30cm 以内，直到返出的泥浆内不含泥块为止。

6. 填充滤料前，在井管内下入钻杆至离孔底 0.3～0.5m 处，井管上口应加闷头密封后，从钻杆内泵送泥浆进行边冲孔边逐步稀释泥浆，使孔内的泥浆从滤水管内向外由井管与孔壁的环状间隙内返浆，使孔内的泥浆密度逐步稀释到 1.05g/cm³，然后填入滤料，并随填随测填滤料的高度，回填至地面以下 2.0m 处。

7. 回填黏性土时应控制填筑速度，沿着井管周围少放慢回，回填黏土厚度为地面下 2.0m。井口周围应砌砖壁，防止泥浆及地表污水从管外流入井内。

第 32 章　基坑监测

32.1　一般规定

基坑施工过程应加强监测，基坑工程的现场监测应采用仪器监测与巡视检查相结合的方法。基坑监测主要有以下内容：

(1) 围护结构顶垂直、水平位移监测；

(2) 围护结构体变形及内力监测；

(3) 基坑支撑轴力（应力）监测；

(4) 临时立柱顶面沉降监测；

(5) 基坑地下水位监测；

(6) 坑底隆起监测；

(7) 围护结构背侧向水、土压力监测；

(8) 周边地表土体沉降监测；

(9) 地下管线及周围建筑物沉降观测。

32.2　布设与观测

1. 水平位移、沉降

水平位移、沉降监测一般采用水准仪和全站仪。监测点应埋设在围护结构、临时立柱桩顶部以及地表、基坑底土体内，其间距一般为 15~20m，不宜大于 20m。埋设测点时使用经纬仪控制，同一条边的测点尽量埋设在同一条直线上。

首次观测应按同一线路观测两次，每隔一定时间绘制水平位移、沉降曲线后每次监测须及时对量测数据进行分析和信息反馈，编制监测报告，以便及时采取措施，保证施工安全。为确保测量精度，在远离工作面的地方应设置四个稳定可靠的基准点，并定期检查稳固性。见图 32-1、图 32-2。

图 32-1　基坑监测

图 32-2　测斜仪探头放入测斜管

2. 围护结构变形

围护结构变形一般采用测斜仪进行测量，监测点应布置在受力、变形较大且有代表性的部位，监测点数量和横向间距视具体情况而定，但每边至少应设 1 处监测点。围护桩采用 SMW 工法桩的，测斜管可采用焊接方法固定在围护桩 H 型钢上，一起吊插入水泥土搅拌桩中；或者固定在地下连续墙的钢筋笼上，摆放位置必须满足监测方案要求。

在进行测斜管管段连接时，必须将上下管段的滑槽对准，使测斜管探头在管内平稳移动。对接头应采取密封处理，以防止泥浆进入管内。

监测时，先将测斜仪探头放入测斜管底部，提升电缆使测斜探头沿测斜管导槽滑动，自下而上每隔一定距离量测每个测点相对铅锤线的偏斜。

测点间距一般就是探头本身的长度，因而可以认为量测结果沿整个测斜孔是连续的，这样，同一量测点任何两次的量测结果之差，即表示量测时间间隔内围护结构在该点的角变位。根据这个角变位，可以把它们换算成每个测点相对于测斜管基准点水平位移。由此，可绘制围护结构沿深度方向水平位移随时间变化的曲线。

3. 钢支撑轴力

钢支撑轴力一般采用轴力计测量，轴力计通过安装架固定在钢支撑端头（图 32-3）。钢支撑和轴力计安装后，即可确定支撑的轴向荷载和偏心荷载。

图 32-3 钢支撑轴力采用轴力计进行测量

钢支撑架设完成后，从下层土开挖至基底，至该层支撑处混凝土浇筑，每天测量一次；异常情况时应加密量测并采取措施。

4. 地下水位监测

采用水位观测仪进行水位观测，测量出孔口高程，通过水位计测读出孔内水位的高程，可以测出水位变化情况（图 32-4）。根据水位变化值绘制水位-时间变化曲线图。

5. 地下管线及周围建筑物变形观测

按照设计要求布置测点，在靠近开挖区域的建筑物墙脚周边埋设一定数量的监测点。建筑物上埋设测点，做标记点，采用精密水平仪和水准仪进行量测。每次量测完成后，及时对量测数据进行回归分析和信息反馈，编制监测报告，指导施工，以便及时采取措施，保证周围建筑物安全。

管道监测应沿管线的轴向在（供水、燃气、污水等）管线外壁设置测点（也可以利用

图 32-4　双层进水面过滤管示意图

阀门开关、抽气孔以及检查井等管线设备作为监测点），监测管线的沉降，随时掌握基坑开挖对基坑外土体的影响。

32.3　测点保护

1. 按照监测方案进行监测点布置、监测。监测设施埋设应稳固，并在监测点位置悬挂或喷涂监测点的类型和编号标识牌。

2. 变形测量基准点采用标准测量控制点，设置在不受扰动坚实的位置，并用 C20 混凝土埋设（图 32-5）。

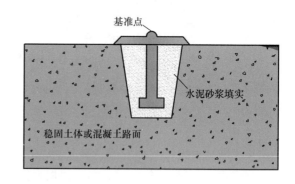

图 32-5　基准点埋设及标识

3. 地面裂缝观测仪应采用膨胀螺丝固定在裂缝两侧（图 32-6）。

4. 基坑顶部冠梁水平、竖向位移观测点应采用钻孔埋设标准件。钻孔孔径应大于标准件直径 5cm，周边采用 M7.5 的水泥砂浆填塞（图 32-7）。

5. 深层位移监测点埋管孔径应大于测斜管径 10cm，管侧应采用中细砂填塞密实，管口应采用金属盖板保护（图 32-8）。

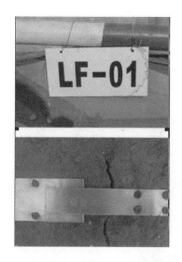
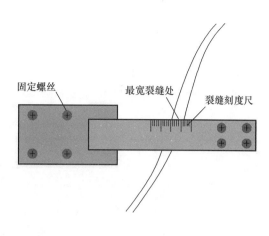

图 32-6　裂缝观测仪固定及标识

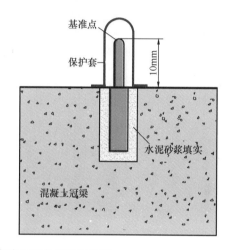

图 32-7　水平竖向位移观测点埋设与标识

6. 现场应在显著位置公示监测汇总成果及结论（图 32-9）。

图 32-8　深层位移点
埋设及标识

图 32-9　监测成果汇总公示

32.4 信息化管理

1. 对监测数据及时进行处理和反馈，利用计算机进行科学计算和分析（图 32-10）。提供改进施工方法的依据，评价施工方法对建筑物，以及地下水位对施工的影响，从而评价施工方法的合理性，总结经验优化施工方法。

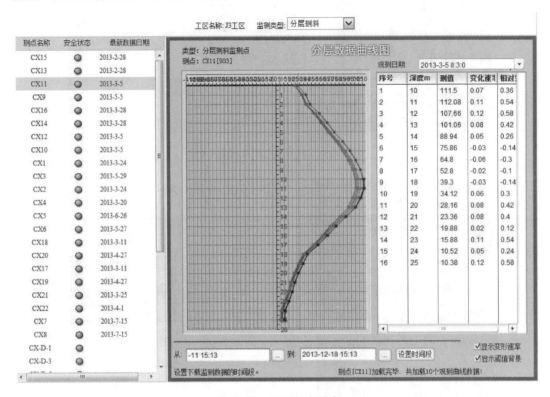

图 32-10　监测相应图表

2. 预测结构的稳定性，提出施工工序调整意见，确保工程顺利施工。对监测项目收集的数据，进行数据分析处理，并且形成报表，以周报和月报形式报送监理工程师。监测数据的整理分析及反馈的方法和内容通常包括监测资料的采集、整理、分析、反馈及评判决策等方面。

3. 监控量测资料可由计算机进行处理与分析，绘制相应图表，对监测数据进行回归分析，预测最终位移值，预测结构物的安全稳定性，确定工程技术措施。

第33章 防水工程

33.1 防水卷材

33.1.1 一般规定

防水卷材应具有良好的耐水性、耐久性、耐穿刺性、耐腐蚀性和耐菌性。主要检测指标有低温弯折性、断裂拉伸强度、断裂伸长率及撕裂强度、不透水性等。

33.1.2 施工流程

防水卷材施工流程为：基面清理——防水卷材铺贴—防水卷材接缝及细部处理—防水卷材保护。

33.1.3 基面清理

1. 防水卷材铺贴前应当对基面进行清理。确保基层表面应坚实、平整、清洁、均匀、无凸起、毛刺、无水迹、阴阳角处应做圆弧或折角等。对露出基面锚杆头、钢管头、钢筋头、注浆钢管头、螺杆钉头等突出物应先切断然后用锤铆平，再用砂浆抹平。凸出的注浆钢管头，应先切断、铆平，后用砂浆填实封平（图33-1）。

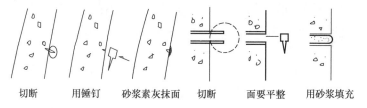

切断　　用锤钉　　砂浆素灰抹面　　切断　　面要平整　　用砂浆填充

图 33-1 基面处理示意图（一）

2. 螺杆有凸出部位时，螺头顶预留5mm切断，用塑料帽遮盖（图33-2）。

3. 处理后的基面应无空鼓、裂缝、松酥，表面应平顺，凹凸量不得超过±5cm。处理后的初期支护表面宜补喷或磨平以保持表面均匀平整。

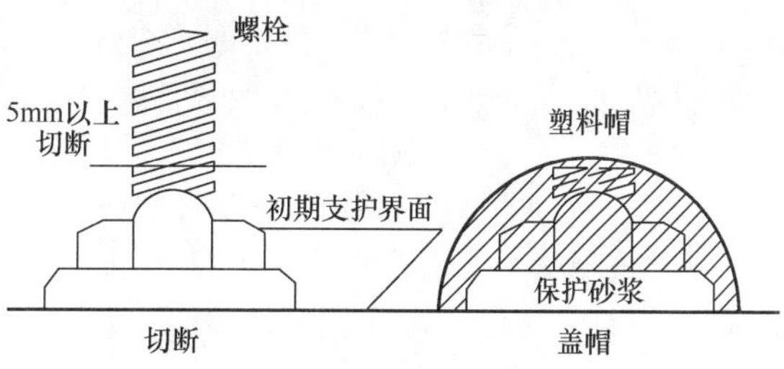

4. 基坑侧墙采用喷射混凝土的，用砂浆找平，确保基层面平整。见图33-3。

隧道底板垫层混凝土浇筑后，采用收光机进行二次收光，确保垫层混凝土面平整。见图33-4。

图 33-2 基面处理示意图（二）

5. 基面若有积水，应进行引排或采取注浆等措施，确保基面干燥、无渗漏水现象。

6. 基面转角应采用砂浆 45°倒角（50mm×50mm），阴角应做成圆弧状（半径50mm）。

图 33-3　侧墙防水基层处理

图 33-4　底板防水基层处理

7. SMW 工法桩型钢围护段应挂设聚乙烯板，防止型钢拔除时损坏防水卷材。

8. 细部节点处理要点：在大面积铺贴防水卷材前，应按细部节点构造图要求，在需要增加附加层的部位，如格构柱、降水井等部位进行附加层铺贴，附加层应满铺，在做附加层前对格构柱、降水井等部位涂刷水泥基渗透结晶防水涂料；卷材裁剪口及收头部位应采取密封措施。

33.1.4　铺贴

1. 卷材铺贴前，先在阴、阳角和施工缝等特殊部位涂刷防水涂膜加强层，加强层厚为 1mm，涂刷完防水涂膜加强层后，立即在防水层表面粘贴防水卷材增强层。严禁涂膜防水加强层表面干燥后再铺贴。

2. 基面处理完毕后铺贴防水卷材，防水卷材采用垂直于隧道主体横向铺贴，并应根据基坑宽度合理布料，避免每两幅防水卷材产生"十"字型接头。防水卷材铺贴完成的卷材应平整顺直，搭接尺寸应准确，不得产生扭曲和皱折，要保证平整度，防止产生褶皱、鼓包。见图 33-5。

图 33-5　卷材铺贴

3. 侧墙立面铺贴卷材时，由于卷材本身重力大于粘结力而使防水层发生下滑现象。立面铺贴卷材可采取机械点式固定的方法，即使用专用垫片和螺钉对卷材进行固定，再使用搭接卷材覆盖住固定件（图33-6、图33-7）。螺钉的间距应视卷材材性而定，一般每幅卷材宽度内应不少于2个钉子。

图33-6 侧墙防水卷材采用钢钉

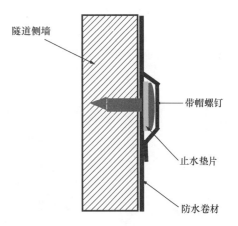

图33-7 侧墙防水卷材机械固定示意图

当固定基层为混凝土结构时，其厚度应不小于60mm，强度等级不低于C25；当固定基层为钢板时，其厚度一般要求为0.8mm，不得小于0.6mm。

4. 铺贴双层卷材时，上下两层和相邻两幅卷材的接缝应错开1/3～1/2幅宽，且上下两卷材不得相互垂直铺贴。

5. 改性沥青防水卷材采用热熔法施工时加热应均匀，采用压辊将卷材压辊平顺，搭接缝部位应有热熔改性沥青溢出（图33-8）。

图33-8 防水卷材摊铺碾压施工

6. 铺贴橡胶类防水卷材应将基底粘胶剂涂刷均匀，不露底、不堆积；铺贴卷材时应辊压粘结牢固。搭接部位的粘合面应清理干净，并应采用接缝专用胶粘剂或胶粘带粘结。

33.1.5 接缝与补强

1. 防水卷材可采用单焊缝或双焊缝。单焊缝搭接宽度应为60mm，有效焊接宽度不小于30mm。双焊缝搭接宽度应为80mm，中间应留设10～20mm的空腔，有效焊接宽度不宜小于10mm。焊接时应先焊长边搭接缝，后焊短边搭接缝。

2. 卷材焊接时将两幅卷材搭接带按左下右上装入已调试好的焊接机的两胶轮间，保持机身与母材边缘平行，合上压杆手柄，启动焊接机，按调试设定的速度和温度焊接。在焊接结束时，及时将压杆手柄压下，使上、下胶轮处于分离状态，以免时间过长而烧坏胶轮（图33-9、图33-10）。

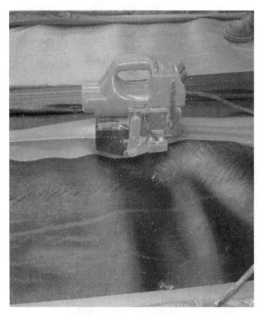

图33-9　防水卷材焊接示意图（一）

图33-10　防水卷材焊接示意图（二）

3. 高分子自粘胶膜防水卷材宜采用预铺反粘法施工，长边采用自粘边搭接，短边采用胶粘带搭接。立面施工时，在自粘边位置距离卷材边缘10～20mm内，应每隔400～600mm进行机械固定，并应保证固定位置被卷材完全覆盖。

4. 铺贴立面卷材时，应先将接槎部位的各层卷材揭开，并应将其表面清理干净，如卷材有局部损伤，应及时进行修补；卷材接槎的搭接长度，高聚物改性沥青类卷材为150mm，合成高分子类卷材为100mm；当使用两层卷材时，卷材应错槎接缝，上层卷材应盖过下层卷材。

5. 铺贴施工中若发生试焊、取样、修补、加工补钉块等原因，导致两幅卷材均无专有搭接带时，可根据两幅卷材的搭接情况，裁剪两块大小相近、与搭接处相匹配的卷材母材，用电热吹风将其防水板一面稍微熔融后压合，后将其作为补钉镶嵌在需搭接的两幅卷材中间，再用焊接机将其分别与两幅卷材热合焊接即可。

6. 对焊接连接的防水卷材，焊接完毕后焊缝外侧宜采用25cm双面防水卷材对焊缝进行补强。

7. 接缝搭接宽度要求。

（1）防水卷材搭接宽度应符合表33-1要求。

防水卷材搭接宽度		表 33-1
卷材品种	搭接宽度（mm）	
高聚物改性沥青类	80～100	
合成橡胶类	100/60（胶粘剂/胶粘带）	
合成高分子类	70/80（自粘胶/胶粘带）	

（2）外贴式铺贴防水卷材时，立面卷材搭接宽度，高聚物改性沥青类卷材为150mm，合成高分子类卷材为100mm，且上层卷材应盖过下层卷材。

33.1.6　卷材保护

1. 卷材防水层经检查合格后，应及时覆盖保护层（图33-11）。

图33-11　防水卷材成品保护

2. 顶板卷材防水层上可采用浇筑细石混凝土作为保护层；采用机械碾压回填土时，保护层厚度不宜小于70mm；采用人工回填土时，保护层厚度不宜小于50mm；防水层与保护层之间宜设置隔离层。

3. 底板卷材防水层上的细石混凝土保护层厚度不应小于50mm。

4. 侧墙卷材防水层宜采用软质保护材料（如软质塑料泡沫）或铺抹20mm厚1：2.5水泥砂浆层。

33.2　防水涂料

33.2.1　一般规定

1. 无机防水涂料可选用掺外加剂、掺合料的水泥基防水涂料、水泥基渗透结晶型防水涂料。

2. 有机防水涂料可选用反应型、水乳型、聚合物水泥等涂料。

3. 适用条件

（1）无机防水涂料宜用于结构主体的背水面；有机防水涂料宜用于地下工程主体结构的迎水面，用于背水面的有机防水涂料应具有较高的抗渗性，且与基层有较好的粘结性。

（2）潮湿基层宜选用与潮湿基面粘结力大的无机防水涂料或有机防水涂料，也可先涂无机防水涂料再涂有机防水涂料形成复合防水涂层；

（3）冬期施工宜选用反应型涂料；

（4）埋置深度较深的工程、有振动或有较大变形的工程，宜选用高弹性防水涂料；

（5）有腐蚀性的地下环境宜选用耐腐蚀性较好的有机防水涂料，并应做刚性保护层。

33.2.2 基面清理

1. 防水涂料喷涂前应当对基面进行清理。确保基层表面平整、均匀，不得有起砂、空鼓、开裂、松散等质量缺陷。

2. 有机防水涂料基层表面应基本干燥，不应有气孔、凹凸不平、蜂窝麻面等缺陷。涂料施工前，基层阴阳角应做成圆弧形。阴角直径宜大于 50mm，阳角直径宜大于 10mm，在底板转角、变形缝、施工缝、穿墙管等部位应增加胎体增强材料和增涂防水涂料，增涂宽度不小于 500mm。

33.2.3 喷涂施工

1. 涂料防水层严禁在雨天、雾天、五级及以上大风时施工，不得在施工环境温度低于 5℃ 及高于 35℃ 或烈日暴晒时施工。涂膜固化前如有降雨可能时，应及时做好已完涂层的保护工作。

2. 防水涂料应分层刷涂或喷涂，涂层应均匀，不得漏刷漏涂；接槎宽度不应小 100mm（图 33-12）。

图 33-12　防水涂料喷涂、涂刷施工

3. 水泥基防水涂料厚度不得小于 3.0mm；水泥基渗透结晶型防水涂料用量不应小于 1.5kg/m²，且厚度不应小于 1.0mm；有机防水涂料的厚度不得小于 1.2mm。

4. 防水涂料施工，应按照先上后下，先高后低的顺序进行，涂层质量要厚薄均匀，并防止漏涂和花点。

5. 铺贴胎体增强材料时，应使胎体层充分浸透防水涂料，不得有露槎及褶皱。

6. 有机防水涂料施工完后应及时做保护层，保护层应符合下列规定：

（1）底板、顶板应采用 20mm 厚 1：2.5 水泥砂浆层和 40~50mm 厚的细石混凝土保护层，防水层与保护层之间宜设置隔离层；

（2）侧墙背水面保护层应采用 20mm 厚 1：2.5 水泥砂浆；

（3）侧墙迎水面保护层宜选用软质保护材料或 20mm 厚 1：2.5 水泥砂浆。

33.2.4 其他

1. 涂料应分层涂刷或喷涂，涂层均匀，涂刷应待前遍涂层干燥成膜后进行；

2. 每遍涂刷应交替改变涂层涂刷方向，同层涂膜的先后搭接宽度宜为 30～50mm；

3. 胎体增强材料的搭接宽度不应小于 100mm。上下两层和相邻两幅胎体接缝应错开 1/3 幅宽，且上下两层胎体不得相互垂直铺贴；

4. 涂料防水层平均厚度应符合设计要求，最小厚度不得小于设计厚度的 90%。

33.3 细部防水处理

33.3.1 变形缝

1. 变形缝处混凝土结构厚度不应小于 300mm，变形缝宽度宜控制在 20～30mm。

2. 止水带埋设。

（1）变形缝迎水面采用外贴式止水带，其中间空心圆环应与变形缝的中心线重合。

（2）止水带应固定，顶、底板内止水带应成盆状安设，便于混凝土浇筑振捣密实。

（3）止水带接缝宜为一处，且应设在边墙较高位置，不得设在结构转角处，接头宜采用热压焊接。

（4）中埋式止水带在转弯处应做成圆弧形，钢板止水带转角半径不应小于 200mm。

3. 在底板与侧墙转角处宜采用直角配件；当竖向变形缝与水平施工缝外贴式（或中埋式）止水带交叉时，其相交部位宜采用十字配件（图 33-13）。

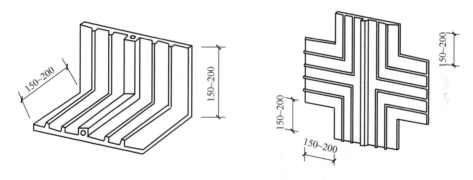

图 33-13　止水带转角配件示意图

4. 止水带应安装稳固可靠，浇筑混凝土时不得产生变形和错位。止水带宜设置外接注浆导管（图 33-14）。

5. 变形缝内两侧基面应平整干净、干燥，并应刷涂与密封材料相容的基层处理剂；嵌缝底部应设背衬材料；嵌缝充填应连续、饱满，并粘结牢固。

6. 中埋式止水带的接缝应设在边墙较高位置，不得设在结构转角处；接头宜采用热压焊接（图 33-15），搭接宽度不小于 30mm，接缝应平整、牢固，不得有裂口和脱胶现象。

33.3.2 施工缝

1. 墙体水平施工缝应留设在高出底板表面不小于 300mm 的墙体上。拱、板与墙结合的水平施工缝，宜留在拱、板与墙交接处以下 150～300mm 处。

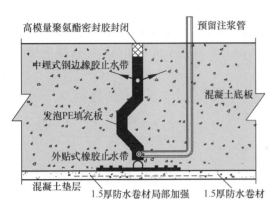

图 33-14　变形缝剖面示意　　　　　　　　　图 33-15　热接缝施工

2. 施工缝继续浇筑混凝土时，已浇筑的混凝土抗压强度不小于 1.2MPa。水平施工缝浇筑混凝土前，应将其表面浮浆和杂物清除，然后铺贴净浆、涂刷混凝土界面处理剂或水泥基渗透结晶型防水涂料，再铺 30～50mm 厚的 1:1 水泥砂浆，并及时浇筑混凝土。

3. 隧道侧墙施工缝防水处理，一般采用中埋式（钢板）橡胶止水带。止水带位置应符合设计要求，安装时应将止水带凹面朝向迎水面。

4. 中埋式钢板止水带应位置正确、安装稳固，浇筑混凝土时不能产生变形和错位。采用遇水膨胀止水条时，止水条与施工缝表面应密贴，中间不得有空鼓、剥离现象；安装应顺直、牢固（图 33-16）。

5. 施工缝处可预埋注浆管，埋设间距 5～6m。预埋注浆管应设置在施工缝断面中部，注浆管与施工缝基面应密贴并固定牢固（图 33-17）。

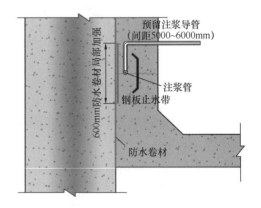

图 33-16　钢板止水带的固定　　　　　　　图 33-17　纵向水平施工缝

33.3.3　桩头防水

1. 按设计要求将桩顶凿至混凝土密实处，并应清洗干净。

2. 桩头顶面和侧面裸露处应涂刷水泥基渗透结晶型防水涂料，并延伸至结构底板垫层 150mm 处；桩头周围 300mm 范围内应抹聚合物水泥防水砂浆过渡层，聚合物水泥防水砂浆的强度等级应不低于混凝土桩的强度等级（图33-18）。

图33-18　桩头处理

3. 结构底板防水层应做在聚合物水泥防水砂浆过渡层上并延伸至桩头侧壁，其与桩头侧壁接缝处应采用密封材料嵌填。

4. 桩头防水构造如图33-19所示。

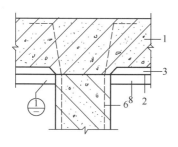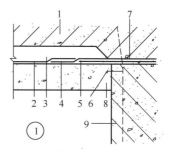

1—结构底板；　2—底板防水层；3—细石混凝土保护层；　4—防水层；
5—水泥基渗透结晶型防水涂料；6—桩基受力筋；7—遇水膨胀止水条（胶）；
8—混凝土垫层；9—桩基混凝土

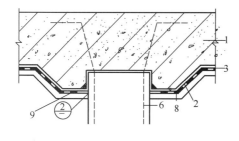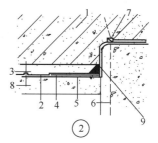

1—结构底板；　2—底板防水层；3—细石混凝土保护层；
4—聚合物水泥防水砂浆；5—水泥基渗透结晶型防水涂料；
6—桩基受力筋；7—遇水膨胀止水条（胶）；8—混凝土垫层；9—密封材料

图33-19　桩头防水构造图

33.3.4　孔洞防水

1. 孔洞部位一般采用设置止水钢板进行孔洞防水（图33-20）。

图 33-20 格构柱防水构造

2. 止水钢板必须焊接到格构柱的坠板位置。

3. 降水井外侧止水钢板应与降水井钢管紧密焊接，不得有漏点。降水井横穿底板、顶板部分井管必须密闭良好，不得有渗漏现象，并且该部分井管应做除锈处理并刷水泥基渗透防水涂料后才能进行混凝土浇筑。

4. 降水井封井宜采用静水位注浆封井，保证封井质量。封井用微膨胀混凝土浇筑完毕后，孔口顶部设置钢板进行封堵确保降水井不出现渗漏现象。

33.3.5 坑池

1. 坑、池底板的混凝土厚度不应少于 250mm；当底板的厚度小于 250mm 时，应采取局部加厚措施，并应使防水层保持连续。

2. 坑、池、储水库宜采用防水混凝土整体浇筑，内部应设防水层。受振动作用时应设柔性防水层。

3. 底板以下的坑、池，其局部底板应相应降低，并应使防水层保持连续（图 33-21）。

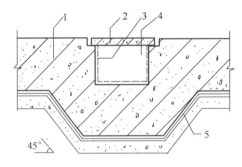

图 33-21 底板下坑、池的防水构造
1—底板；2—盖板；3—坑、池防水层；4—坑、池；5—主体结构防水层

第 34 章　主体结构

34.1　原材料

1. 参见钢筋、混凝土、模板支架相关章节。

2. 混凝土宜采用强度等级大于 42.5MPa 的低水化热 P I 或 P II 型水泥。配合比设计应考虑防裂、抗渗要求，掺入适量粉煤灰减少水化热，减少收缩裂缝，在满足强度的前提下，粉煤灰掺量不宜超过 30%。粉煤灰质量应符合《用于水泥和混凝土中的粉煤灰》GB/T 1596—2005 的规定，并不得低于 II 级灰技术指标。

34.2　模板

34.2.1　模板支架

1. 为保证隧道主体自防水功能，隧道侧模宜采用无对拉螺杆模板支撑体系。模板宜采用钢模。

2. 为防止侧墙浇筑高度大、侧压力大引起的跑模、胀模等问题，隧道敞开段侧墙浇筑宜采用型钢支撑模板体系（图 34-1）；暗埋段宜采用满堂支架体系，侧墙和顶板可采用一次性浇筑的方式（图 34-2）。型钢支撑模板体系和满堂支架体系应具有足够的强度、刚度和稳定性。

图 34-1　隧道敞开段型钢支撑模板体系

3. 侧墙模板可采用厚度 18mm 的竹胶板，竖向背带采用 100mm×100mm 方木间距 0.3m，横向背带采用 100mm×100mm 方木间距 0.6m。模板支撑体系采用 H500 型钢，间距 1m，竖向均匀分布，以 12.3mm 双榀槽钢为背带，形成整体。H500 型钢外侧采用直径 48mm、厚度 3.5mm 钢管搭设双排脚手架作为操作平台。

图 34-2　隧道暗挖段碗扣式支架模板体系

34.2.2　加工与安装

1. 底板上侧墙倒角模板宜采用后场制作成型的整体模板，制作时应注意模板倒角、尺寸要统一（图 34-3）。

图 34-3　模板拼装

2. 顶板模板制作，对阴角模板采取裁边拼装安装方式（图 34-4），脱模剂选用专用脱模剂，采用喷涂工艺，提高脱模剂均匀性。

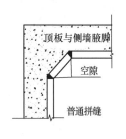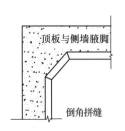

图 34-4　顶板模板的制作、拼接

3. 混凝土浇筑前，安排专人到搅拌站跟踪混凝土生产情况，对每车混凝土进行坍落度检测。浇筑前应对浇筑区域进行清理、冲洗、除尘，确保浇筑区域内无积尘、无杂物（图34-5、图34-6）。

图 34-5　混凝土浇筑前作业面冲洗

图 34-6　使用大功率吸尘器清除边角颗粒状杂物

34.3　钢筋

34.3.1　制作

钢筋原材出厂质量报告，复试报告齐全。严格按照施工图核算下料，棚内加工，钢筋根据规格、部位、批号按区堆放，做好标示牌。并做好钢筋的日常维护工作，防止被腐蚀或油污（图34-7）。

图 34-7　钢筋原材放置与保护

34.3.2　安装

1. 钢筋主筋安装顺直，轴线偏差、主筋间距应满足规范要求。保护层垫块采用高强度等级混凝土材料预制，与模板点接触（图34-8）。

2. 钢筋安装采用工具式卡规，保证钢筋的间距符合设计规定和线型直顺；支撑筋焊接在底层主筋上，主筋下设置保护层垫块，严禁支撑筋落在垫层上，预防底板渗漏水。

图 34-8 钢筋保护层控制及钢筋绑扎效果图

34.4 混凝土工程

请参照本书混凝土工程相关章节。

34.5 其他

1. 施工缝凿毛必须在终凝后进行，以混凝土骨料露头为准（图 34-9），浇筑前应将接缝清理干净，用毛刷将表面浮灰清掉。

图 34-9 混凝土凿毛

2. 侧墙施工缝部位在模板上钉通长木条留设 30mm×30mm 通长槽口，形成混凝土企口（图 34-10）。

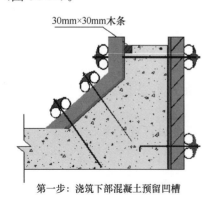

第一步：浇筑下部混凝土预留凹槽

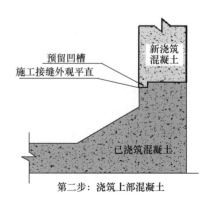

第二步：浇筑上部混凝土

图 34-10 侧墙施工缝部位处理示意图

3. 侧墙模板在后场加工成型后，在现场进行安装，侧墙模板安装时应注意：模板拼缝处要贴双面胶，下口与倒角混凝土接触处增加双面胶厚度保证无漏浆情况；模板要固定牢固，防止混凝土浇筑时出现模板上浮现象；模板上口设置企口控制木条，保证上口线型直顺（图 34-11、图 34-12）。

图 34-11　施工缝企口处理效果图

图 34-12　侧墙施工缝效果图

4. 变形缝迎水面采用外贴式止水带，变形缝处采用中埋式止水带；外贴式止水带背后要平整，中埋式止水安装时要居中安装；止水带安装要稳固可靠，浇筑混凝土时不得产生变形或错位，变形缝处宜设置外接注浆管，一旦变形缝处发生渗、漏水，进行注浆封堵（图 34-13）。

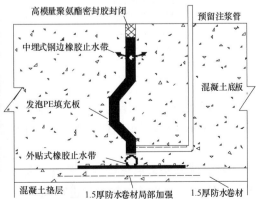

图 34-13　变形缝止水带安装及密封处理示意图

第35章 附属结构

35.1 截水沟

35.1.1 一般规定

隧道主体结构施工时，在主体结构预留出一定尺寸的凹槽，即为隧道截水沟。隧道截水沟的施工流程如图 35-1 所示。

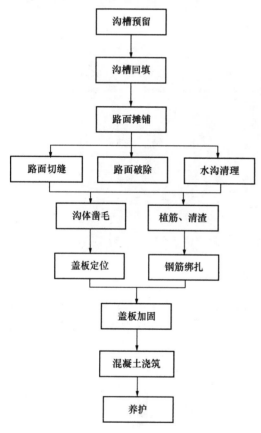

图 35-1 截水沟施工流程图

35.1.2 施工

1. 底板浇筑混凝土前按照设计位置及尺寸提前预留沟体结构，沟体宽度应多留 1cm，以防混凝土浇筑时模板变形、施工误差及振动错位导致后期沟槽盖板无法安装。

2. 安装截水沟盖板应在完成隧道内道路沥青摊铺之后进行。在路面摊铺前提前将预留沟体回填至路面底标高，以保证沥青摊铺机及压路机能平稳驶过，回填材料可选取方木、碎石、砂等材料。

3. 沥青路面摊铺前将截水沟边线在两侧结构上标出，以便后期准确定位。路面铺完成待沥青混合料温度降到 40℃ 以下时便可采用切割机进行切缝凿除（不得使用风镐凿除）。凿除后的沟槽断面构造图如图 35-2 所示。

4. 截水沟清理结束后，对新老混凝土结合面进行凿毛处理，水沟侧面凿毛控制在混凝土结构板表面向下 10cm 以内，凿毛过多会导致后期混凝土浇筑时盖板侧面贴合不到位而漏浆。

5. 为了增加横截沟与结构板的结合度，确保结构稳定性，可在横截沟两侧延水沟方向每隔 30～40cm 向混凝土结构植入一根直径 22mm 的钢筋，并将钢筋与两侧钢筋骨架焊接在一起。

6. 为保证横截沟最后整体的平整度，每安装一块盖板须利用卡尺进行定位，如若高度偏差较大则需在水平筋上垫钢片进行固定，若偏差不大则可等所有盖板均安放到位后再进行整体调整。

7. 所有盖板安装结束后，对盖板平面与路面存在高差和相邻盖板间错台进行测量，对错台明显的盖板高度进行调整，满足盖板与路面，盖板与盖板间的平整度要求。最后利用短钢筋头撑住盖板与盖板的接缝处，并进行点焊固定。

8. 由于横截沟盖板块数较多且每块长度较小，为避免混凝土浇筑过程中盖板发生横向错动可利用等长小方木对盖板进行横向定位（图35-3）。

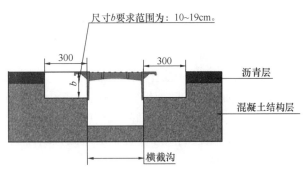

图 35-2 横截沟断面构造图

图 35-3 盖板安装、调试与加固

9. 为满足结构整体性及稳定性的要求，一般采用C50钢纤维细石混凝土对横截沟两侧进行浇筑。

10. 为防止混凝土对已铺好的沥青路面有所污染，浇筑前将盖板边沿及两侧路面边沿用彩条布进行覆盖。

11. 浇筑时为减少自卸混凝土对盖板的冲击，可先将混凝土倒入铲车中再用人工拿锹填筑；为确保混凝土的浇筑质量需用小尺寸振捣棒边浇筑边振捣，振捣棒尽量不要接触盖板以免造成盖板错位。

12. 浇筑完之后利用水平靠尺控制混凝土表面高度及坡度，确保收光质量，并覆盖土工布进行洒水养护，至少养护7d，养护期间做好成品保护，切勿让车辆通行。

35.2 混凝土防撞墙

35.2.1 一般规定

1. 防撞墙的线形对隧道整体效果影响较大，因此做好防撞墙测量、放线是质量控制重点。对于大曲线段的防撞墙，应采用1.5m一个测点，小曲线段采用1m一测点，直线段3m一个点进行控制，每放好一个点用记号笔记录，施工过程中做好保护。

2. 防撞墙测量控制点应设置于道路偏置线内侧，且在同一幅段内，同一断面上左右侧对称设置控制点。

3. 防撞墙边线定位主要控制路面净宽和模板安装边线。单次放线长度不小于150m。放线后先对整体线形进行对比，如出现线性不顺畅等情况，应对线形进行调整。50线模板控制线（50线模板控制线是供模板支撑杆底部定位及模板线形校正使用，放线完成后在50线模板控制线上进行植筋、焊接固定杆件，保证模板安装后底部不出现位移偏差。如图35-4所示）是供模板支撑杆底部定位及模板线形校正使用，放线完成后在50线模板控制线上进行植筋，焊接固定杆件，保证模板安装后底部不出现位移偏差。

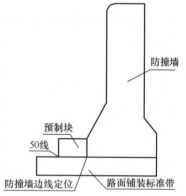

图35-4 防撞墙施工示意图

4. 控制点放置完成后，利用同一断面上的两个控制点横向弹线。沿横向控制线内外偏移控制点，利用内外偏移的控制点纵向弹线。在铺装上用墨线弹出模板底面安装位置线，在侧墙上弹出模板上口高程控制线。

35.2.2 施工

1. 防撞墙施工前要对底部找平，找平施工采用水泥砂浆。砂浆找平层的上表面标高比设计模板底标高低5mm。砂浆找平层达到设计强度后，在其上弹设模板内边线，用于后续的模板安装。

2. 钢筋在加工场集中加工，现场绑扎成型，钢筋的种类、型号及规格尺寸应符合设计要求，如铺装层预埋筋漏埋或位置不准确，应采用植筋方法进行加固。钢筋绑扎硬严格按照防撞墙施工边线设计图纸和测量放线进行绑扎，控制好保护层厚度。

3. 防撞墙模板宜采用定型整体钢模板。侧模面板的钢板板厚不少于6mm、长度、横竖肋根据护栏尺寸、长度和模板周转次数确定，背面肋骨采用钢板背楞焊接加固，为了保证模板不变形，宜在模板边缘和部分横竖肋位置用槽钢加强。节与节之间采用法兰盘螺栓固定连接。内模与外模顶部采用对拉丝杆进行固定。对拉丝杆外部靠近加固槽钢处需加设挡铁板，且螺帽与当铁板之间加设弹簧垫片，防止在混凝土施工过程中因振捣而松动。内侧模板腰部采用线丝杠加固，丝杠根部与植入主体结构底板上的钢筋固定在一起。外侧模板腰部固定采用相应的顶托及钢管互顶固定。见图 35-5。

图 35-5 防撞墙支模板实物图

4. 模板安装前其内侧必须用磨光机反复打磨（图 35-6），使内模板表面露出金属光泽，擦洗干净，再均匀涂抹脱模剂。

图 35-6 防撞墙打磨与附着式振动器

5. 模板用螺栓拉杆拉紧连结，下部及顶部各设置一道拉杆，防撞墙模板底与砂浆找平层必须接缝严密，底部须铺贴海绵条密封防止漏浆，模板拼缝采用双面胶密封。模板安装应有防止混凝土浇筑时模板上浮的措施。

6. 防撞墙内侧腰部圆弧半径较大，弧度变化较缓，易产生蜂窝、麻面等质量缺陷，混凝土浇筑必须分层进行，不得在一个地方集中下料，防止形成起伏不定。浇筑到护栏的倒角位置应暂时停止下料，待该范围振捣完成后再继续浇筑。为了防止接茬部位出现明显接缝。为了防止接茬部位出现明显接缝，接茬必须在下层混凝土初凝前进行（图 35-7）。

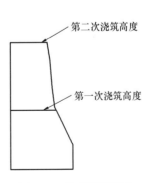

图 35-7 防撞墙混凝土
浇筑示意图

7. 混凝土振捣密实，不漏振，不过振，要求混凝土不再下沉，不出现气泡，表面呈现泛浆为宜，严格控制"三度"（速度、深度、密度），振动棒要垂直点振，不得平拉，振捣棒应插入下层混凝土 50～100mm，振捣棒与侧模应保持 50～100mm 的距离，严禁振捣棒直接接触模板。可在模板外侧倒角部位设置附着式振动器，辅助混凝土振捣施工。

8. 拆模时间要根据同养试块强度试验结果确定，防止过早拆模。拆模应在混凝土的强度达到 2.5MPa 后进行，拆模时要小心操作，不能用力过猛过急，严禁敲打模板，注意保护棱角。护栏拆模后，模板下抹的砂浆带应及时剔除，清理干净。

35.2.3 养护

1. 拆模后即可对混凝土进行覆盖洒水养护，养护时间应不少于 7d。养护期间应根据气温情况定时洒水，以保持表面湿润。

2. 拆模后一个小时内，采用常温水对混凝土连续养护，然后盖上干燥的土工布保护混凝土被意外损坏（图 35-8），不再洒水。待 6h 后，混凝土表面相对干燥后，采用移动式切割机从变形缝起每 1.5～2m 切割假缝，缝宽 2mm，深 10mm。

图 35-8　防撞墙混凝土拆模后养护示意图